林闯 著

策略三十六计 和 算法三十六计

U0347588

清华大学出版社
北京

内 容 简 介

本书给出了计算机系统设计策略三十六计和算法三十六计的研究成果,提出了计算机学科的四种基本的对立统一关系,即四个基本科学问题,包括集分定位、刚柔相摩、供需相应和串并转换。从集分定位出发,在策略三十六计中提出了架构设计十八计,包括时空转换和多种计算模式的计策;从刚柔相摩出发,在策略三十六计中提出了系统特性十八计,包括八类特性设计的计策,例如,可控性、效率性、安全性和可变性等方面的计策。供需相应和串并转换所涉及的科学问题主要体现在资源管理和任务调度的算法三十六计中,这些算法计策包含了计算机学科的经典和热点问题,例如,可计算性、多目标优化、云计算、软件定义系统、大数据思维和人工智能等。

本书的读者对象包括计算机学科、系统设计和算法的研究者,以及对《易经》思维和模型有兴趣的学者。

图书在版编目(CIP)数据

策略三十六计和算法三十六计/林闯著. —北京:清华大学出版社,2021.4(2021.8重印)
ISBN 978-7-302-57727-0

Ⅰ.①策… Ⅱ.①林… Ⅲ.①计算机算法 Ⅳ.①TP301.6

中国版本图书馆 CIP 数据核字(2021)第 050118 号

责任编辑: 龙启铭
封面设计: 常雪影
责任校对: 焦丽丽
责任印制: 杨 艳

出版发行: 清华大学出版社
　　　　　网　　　　址:http://www.tup.com.cn, http://www.wqbook.com
　　　　　地　　　　址:北京清华大学学研大厦 A 座　　　　　邮　　编:100084
　　　　　社　总　机:010-62770175　　　　　邮　　购:010-83470235
　　　　　投稿与读者服务:010-62776969, c-service@tup.tsinghua.edu.cn
　　　　　质　量　反　馈:010-62772015, zhiliang@tup.tsinghua.edu.cn
　　　　　课 件 下 载:http://www.tup.com.cn,010-83470236
印 装 者: 大厂回族自治县彩虹印刷有限公司
经　　销: 全国新华书店
开　　本: 145mm×210mm　　　**印　张:** 6.875　　　**字　数:** 137 千字
版　　次: 2021 年 5 月第 1 版　　　**印　次:** 2021 年 8 月第 2 次印刷
定　　价: 39.00 元

产品编号:086698-01

前　言

本书以《易经》思维和模型为视角，研究计算机的体系结构、层次模型、大数据模型、网络系统、多目标优化以及设计策略和算法等，是作者在已发表论文的基础上进一步深入研究的成果，并以论文《策略三十六计和算法三十六计》作为内容主体呈现给读者。为了便于读者阅读，本书还包括了《易经》思维和模型的导读，在附录中包括了《易经》的原文以及作者最初的两篇关于《易经》模型基础研究的论文。

任何事物都存在对立统一关系，计算机系统设计和算法也不例外。基于此，本书遵循科学的辩证逻辑的基本原理，就计算机学科、系统设计和算法，及其与《易经》之间的辩证关系，为计算机学科及相关领域的研究者和学者，以及对《易经》思维和模型有兴趣的学者，提供一种新的思考的角度。

《易传·系辞》中说："一阴一阳之谓道。"宇宙自然界中存在相反属性的事物，相反事物的摩荡作用是事物的普遍规律。它们以此消彼长的形式处于动态平衡状态的变化之中，保持着事物的发展变化态势。清晰和完整的思路线索就是遵循老子的"道生一，一生二，二生三，三生万物"的哲学原理，构建计算机系统的四种基本的对立统一关系，进而映射成计算机系统的《易经》八卦模型，并在此基础上构建六十四卦模型，由此推导出这些基本因素的相互影响关系，从而给出计算机系统设计和算法的思路线索。这种推导是清晰和完整的。

本书的目标就是深入学习具有三千多年历史的《易经》，挖掘《易经》形象思维的抽象和推理理念，尤其是它的"阴与阳"对立统一的哲学和变化转换的观念。结合现代计算机学科的发展以及作者本身近五十年的时间研究计算机系统和模型构建的专业经历，坚定文化自信，激发计算机领域一个新的研究方向，推动策略和算法研究。本书的编写工作可以看作是一个大生态研究工程的开启，当然任何有效计策的产生还需要众多专业人员和历史的检验，希望将更多的建议和修正加入这项工作中，以期众人智慧的显现。

目　录

1 导　读

1.1　《易经》思维方式

1. 引言

《易经》凝聚了以伏羲、周文王和孔子三位圣人（伏羲的八卦、周文王的六十四卦和孔子的《易传》）为代表的中华民族几千年来对宇宙、自然和社会的认识和理解，是集体智慧的结晶。它历经数千年岁月的洗礼，依然灵光闪动，且亘古常新。《易经》不仅是中国的，而且是世界的，早在18世纪海外就有英文译本，享有"宇宙代数学"的美称。

《易经》是由一套符号组成的哲学推理系统，了解它的符号组成规则以及卦之间的关系，掌握它的推理思维方式，才能更好地解"易"。《易经》每一卦都可推"易"演"算"，悟"计"明"理"，沟通天理与计算机体系结构设计原理之间的联系。象、数、理是《易经》的基本范畴，作者参考了陈树文的《周易与人生智慧》和高亨的《周易大传今注》中的部分观点和内容，试图在这个小节中，从《易经》的特征"三义"出发，以思维方式为主轴，涵盖它的系统组成和卦之间的联系，为读者理解和阅读《易经》模型提供一种线索。《易经》作为经典，本身具有巨大的解释空间，不应该也不可能用一个固定的尺度加以绳规墨矩，读者可以有自己的体悟和解读。

本节首先介绍东西方思维方式的差异，主要体现在辩证思维与逻辑思维上。《易经》是东方尤其是中国人思维结晶的代表。其次，描述了《易经》思维特征的"三义"，即简易、变易和不易。随后，对"三义"所对应的形象思维、辩证思维和系统思维展开讨论。在形象思维中注重讨论了卦象、卦的组成和卦义；在辩证思维中注重讨论了推象知数和卦之间的联系；在系统思维中则注重讨论了六十四卦的整体性和推数穷理。

2. 东西方思维方式的差异

东西方思维方式的差异主要体现在辩证思维与逻辑思维上，学者常用辩证思维来描述东方人尤其是中国人的思维方式。辩证思维具有整体性、模糊性和不确定性，在自然科学研究中用于定性分析和系统设计理念，这种思维强调人们的悟性。学者们常用逻辑思维或者分析思维来描述西方人尤其是欧美人的思维方式。逻辑思维具有孤立性、准确性和确定性，在自然科学研究中用于逻辑推理和系统量化分析，这种思维强调形式化方法。

中国人的辩证思维包含着三个原理：变化论、矛盾论及中和论。变化论认为世界永远处于变化之中，没有永恒的对与错；矛盾论则认为万事万物都是由对立面构成的矛盾统一体，没有矛盾就没有事物本身；中和论则体现在中庸之道上，认为任何事物都存在着适度的合理性。对中国人来说，"中庸之道"经过数千年的历史积淀，甚至内化成了自己的性格特征。

西方人的思维是一种逻辑思维，强调世界的同一性、非矛盾性和排中性。同一性认为事物的本质不会发生变化，一个事物永远是它自己；非矛盾性相信一个命题不可能同时对或错，不能自相矛盾；排中性强调一个事物要么对，要么错，无中间性。西方人的思维方式也叫分析思维，他们在考虑问题的时候不追求折衷与和谐，而是喜欢从一个整体中把事物分离出来，对事物的本质特性进行逻辑分析。

3. 《易经》三义

《易纬乾凿度》曰："易一名而含三义，所谓易也，变易也，不易也。"郑玄依此义作《易赞》《易论》，称："易一名而含三义，易简，一也；变易，二也；不易，三也。"由其生之原而论，是简易；由其生生不已而论，是变易；由其生之有序而论，是不易。简易者其德，不易者其体，变易者其用。

象、数、理是《易经》的基本范畴，象即万物之象，数为信息盈虚和得失成败之数，理就是事物恰到好处的情由。象对应简易，数对应变易，理对应不变。我们读《易经》的目的就是推象知数，推数穷理。由事物的外在形象来认识其内容，由事物的状态来认识事物的属性，由事物的属性来认识事物的本质。

"简易"指要大道至简，用两个最简单的符号表达宇宙一切。"一阴一阳之谓道"，道者简易也。于心不诚，化简为繁。简易就是效法天道，保持人性的纯正。

"变易"正如《易传·系辞》所说"生生之谓易"。朱熹注曰，"阴生阳，阳生阴，其变无穷。"六十四卦表现了 64 种变化状态，384 爻演化了 384 种可能的动态变化。

"不易"包含三层含义：（1）变易中，含藏不变之理。董仲舒谓之"道之大原出于天，天不变，道亦不变"。（2）大道本自然，老子曰："人法地，地法天，天法道，道法自然。"变化本自然。（3）变易是现象，不易是法则。认识变易的现象，探求不易的法则。

4. 《易经》的形象思维

形象思维是指以具体事务或形象或者图像作为思维内容的思维方式，而且可以用图像来表达其领悟和抽象的过程和结果。形象思维是人的一种本能思维，是人类思维发展史上最早出现的思维形式。

《易传·系辞》曰："圣人立象以尽意。"《易经》三义中的"简易"就是表达《易经》的一切思想和内容均寓于卦象和爻象中，构造出赖以达意说理的"象"，启发人的想象，以领悟抽象的道理。形象思维是《易经》的主要思维方式之一。

什么是《易经》的象呢？《易传·系辞》曰："近取诸身，远取诸物"，"圣人有以见天下之赜，而拟诸其形容，象其物宜，是故谓之象"。八卦和六十四卦的象有表面的、原始的、延伸的、象征的、哲理的和奥秘的等多层含义，还有象外象，需要模型抽象能力，才能品味其哲学意境。

　　《易经》散之三百八十四爻，聚之六十四卦，简之八卦，萃之两卦，核为两爻。《易传·系辞》曰："一阴一阳之谓道。"老子曰："道生一，一生二，二生三，三生万物。"八卦包罗自然界和人类社会中的万象。《易经》中的一卦可以表达多象，例如，乾卦可以表达：天（自然）、健（属性）、父（人）、马（动物）、首（人体）、西北（方向）和秋冬间（季节）等。

　　要理解六十四卦和相关卦义，就要了解和掌握卦的组成及各种关系，包括：卦象、卦位、爻象和爻位等。它们涉及到每一个卦的组成及关系，详细包括：

　　八种卦象：乾、坤、震、巽、坎、离、艮、兑。

　　二种爻象：阳、阴，或：刚、柔。

　　五种经卦位关系：上下、内外、前后、平列、相重。

　　爻象三才（六爻画象天、地、人三才）：初爻与二爻象为地，三爻与四爻象为人，五爻与上爻象为天。

　　四种爻象定位（爻的位次，即"象数"）：（1）天、地、人位，（2）上、中、下位，（3）阳、阴位，（4）两经卦同位。

　　六种刚柔爻象与爻位结合关系：相应、相胜、当否、得中、尊上下、从乘。

5. 《易经》的辩证思维

　　辩证思维是指以随机变化和发展的多个视角认识事物的思维方式，通常被认为是与逻辑思维相对立的一种思维方式。在辩证思维中，事物可以在同一时间里"亦此亦彼""亦真亦假",它是以思维对象的模糊性为特征,通过使用模糊概念、模糊判断和模糊推理等非精确的认识方式所进行的思维。辩证思维模式要求在观察问题和分析问题时,以动态发展的眼光来看待事物。辩证思维可以给人以很大的解释和联想空间,所以取决于人的"悟性"。

《易经》的"易"本身意味着"发展变化",要运用事物向正面发展或向反面转化的辩证观点。变通意味着变则通。以丰卦为例,《易传·系辞》曰:"富有之谓大业,日新之谓盛德,生生之谓易。"《易经》一卦多象,缺乏清晰性;占断辞主观,具有不确定性;卦爻辞简短,带有模糊性。《易传·系辞》曰:"八卦成列,象在其中矣。因而重之,爻在其中矣。刚柔相推,变在其中矣。"

六十四卦的卦之间存在着变换关系,包括错卦、综卦和交互卦。这些变换关系反映了《易经》的哲学理念和辩证思维。在《易传·杂卦》中,六十四卦可以分为三十二对,这些卦对基本满足综卦或错卦关系。

错卦也称旁通卦,两卦同位次的爻阴阳相反(0、1互换),反映一种从对立面的角度观测事物的状态。八卦中四对卦的关系就互为"错卦",即互为对立面。

例如,第四十九卦"革"(离下兑上,101110)与第四卦"蒙"(坎下艮上,010001)互为错卦,由于阴阳组成上相对立的原因,所以互为错卦的卦在卦性和卦气上也是相对立的。

综卦也称反卦，上下经卦对调，变换上下经卦的从乘关系。反映从一种发展趋势角度（从下往上）观测事物的状态。发展极致的结果是"物极必反"，与原卦逻辑相反。

例如，第十二卦"否"（坤下乾上，000111）与第十一卦"泰"（乾下坤上，111000）互为综卦，二者的释义锤炼成我们常用的一个成语：否极泰来。

交互卦是指在一个六爻卦中，二三四爻形成交卦，三四五爻形成互卦，构成两个新的经卦，下交上互构成交互卦。反映事物发展的中间过程以及事物变化的中间结果。

例如，否卦（意为闭塞）的二三四爻为艮卦，三四五爻为巽卦，它的交互卦就是下山上风的渐卦（意为渐进）。

6. 《易经》的系统思维

系统思维就是运用系统论和整体概念，从事物相互联系和相互影响的角度去认识和把握事理的思维方式。它注重事物态势的相互转化，认为事物发展变化呈现出一种循环状态。系统思维能简化人们对事物的认知，给我们带来整体观。

六十四卦构成了完整的宇宙世界，《易传•系辞》曰："范围天地之化而不过，曲成万物而不遗。"六十四卦是一个完整体系，从乾坤卦开始到未济卦，以有序的运行为其内在机制，形成首尾相连的循环。反映事物从诞生、成长、发展、衰落、消失到再循环的全过程。六十四卦中的某一个卦反映的是某一个发展阶段的特点和状况。

六十四卦可分为三十二对卦，从正反两个方面表达一个完整内容，即对立统一。《易经》表达了象、数、理多维的统一。

每卦的六爻从下往上数，表示物体由下而上的位置，或事物渐进、发展的先后与过程。它们可以表达事物状态的各个发展时段，初爻表象状态的初始变化，二爻表象变化的初显成效，三爻表象状态发展到一定阶段，四爻表象变革，五爻表象兴盛，上爻表象变化到终极，开始走向衰微。"六爻之动，三极之道也"。

爻辞一般先言所象，后占断。占断与所象之间往往有哲理与逻辑上的联系，反映认知的思路、理念和价值观。变易中含藏不变之理。认识变易的现象，探求不易的法则。我们可以获得很多做人做事的不变的道理，例如：刚柔相济、否极泰来、时空转换、穷变通久、自强不息、厚德载物、供需平衡、相得益彰、进退存亡、厚积薄发、满招损谦受益等。

1.2 《易经》中简单的数字与深刻的哲理

在《易经》中有些简单的数字，对于我们理解《易经》思维的深刻哲理是非常重要的，其中最重要的有 6 个数字，即从数字"一"到数字"六"，这 6 个数字对于解读《易经》是至关重要的。为了便于读者研读本书，作者结合自己的学习体会，试着解读这 6 个数字及其相关的思维哲理。这 6 个数字是一个整体，它们紧密相连，不可分拆，缺一不可，它们构成了易经的完整思维体系。

1. "一"意指为"道"或"太极"

老子的《道德经》中曰："道生一，一生二，二生三，三生万物。"纵观老子的《道德经》一书，总数不过五千余字，而"道"字总共出现了七十余次，可以说"道"是老子思想的核心。"道"生成和演化万物属于"宇宙论"问题，而"道"决定万物的存在则是"本体论"问题。

《道德经》的开篇之言是"道，可道，非常道；名，可名，非常名"，意指能用语言表述出来的"道"，都不是永恒、终极的"道"；而能够用言辞说出来的"名"，都不是永恒的、终极的"名"。"名"可以理解为"道"的外在表现形式。

"道"主要具有以下三种含义：

第一种是作为宇宙本源的道。用老子自己的话来解释："道之为物，惟恍惟惚。惚兮恍兮，其中有象。恍兮惚兮，其中有物。窈兮冥兮，其中有精。其精甚真，其中有信。"道是一种不可名状、似实而虚的形态。

第二种是作为自然之规律的道。《道德经》曰："人法地，地法天，天法道，道法自然。"这是关于道的最广为人知的一句话。在老子看来，道是一种超越时空的存在，它不以人的意志为转移。道作用于万事万物时，就表现为事物运行的规律。

第三种是在人际关系中的为人之道。这一层次上的道，通俗的来说就是人们在日常生活中的行为准则。当它作用于人类时，就成为人们行事的准则。当道成为人们的行事准则时，又称为"德"。

总而言之，"道"的理念在老子的思想哲学体系中居于纲领性的核心地位，具有极为深刻的内涵，也有非常广阔的外延，涵盖着宇宙、自然、社会人文的全部道理和规则，需要我们用一生去理解和感悟。

我们再简单理解"太极"的理念，《易传·系辞》曰："是故，易有太极，是生两仪，两仪生四象，四象生八卦。八卦定吉凶，吉凶生大业。"《易纬乾凿度》曰："易始于太极，太极分而为二，故生天地。"孔颖达疏曰："太极谓天地未分之前，元气混而为一。"这些关于"太极"的观点同老子描述的"道"是宇宙本源（宇宙论）和决定万物存在（本体论）的理念是完全一致的。

图 1.1 中描述了太极生两仪，阳仪为天，阴仪为地。两仪生四象，天地又产生了四季即春夏秋冬四时的变化，春为少阳，夏为老阳，秋为少阴，冬为老阴，这就定义了宇宙的时空理念。其余部分将在下面的八卦中进行描述。

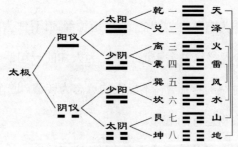

图 1.1　太极生两仪-两仪生四象-四象生八卦

2. "二"意指为"阴与阳"

《易传·系辞》曰："一阴一阳之谓道。"所谓阴阳，是老子以来发明的一对哲学概念，认为宇宙自然界存在相反属性的事物，它们的摩荡是事物的普遍规律。它们以此消彼长的形式进行，处于动态平衡状态的变化之中，保持着事物的发展变化态势。

《易传·系辞》曰："动静有常，刚柔断矣。"动静自有规律，这也就区分了刚和柔。任何事物都有两面性，一阴一阳，柔刚也是阴阳的表达。这样的表达有许多，例如，大小、强弱、正与反、奇数与偶数、集中与分散等。《易传·系辞》曰："是故刚柔相摩，八卦相荡。"阴阳相反的力量产生推摩作用，导致事物不断发展变化。八卦表达的宇宙自然界保持事物发展的规律。

图 1.2 所示的是八卦图标中的阴阳"鱼"。用"鱼"型表示事物处于动态平衡状态的变化之中，用"鱼"眼睛的不同颜色表示阴中有阳，阳中有阴。在兵法三十六计的第一计中就有这样的描述："阴在阳之内，不在阳之对。太阳，太阴。"隐蔽的计谋往往就潜藏在公开的事物

图 1.2　阴阳"鱼"与八卦图

中，而不在公开事物的对立面上。最公开的事物就可能隐藏最私密的计谋。阴阳是对立统一关系，它们如影相随，缺一不可。

3. "三"意指为八卦中经卦的"三爻"

《易经》中象征自然现象和人事变化的一系列符号以阳爻和阴爻相配合而成，三个爻组成一个经卦。观测事物时，自底向上，爻的次序为地、人、天，见图1.3。

别卦的表达 ——三维表达—— 天 人 地 } 三才

图 1.3 别卦的三爻

《易传•系辞》中曰："系辞焉以断其吉凶，是故谓之爻"，"拟之而后言，议之而后动，拟议以成其变化"。为卦爻配上爻辞，以判断事物的凶吉，所以叫作"爻"。用爻辞模拟事物后，才能进行议论。讨论后，才能行动，通过模拟讨论来确定事物凶吉的变化。《易经•说卦》中曰："是以立天之道，曰阴与阳；立地之道，曰柔与刚；立人之道，曰仁与义。"这其中，仁以爱人，主于阴；义以制事，主于阳。事物按天、人、地"三才"的阴阳哲学理念进行抽象表达，没有事物的具体数值观念，只有阴阳相别的属性。

4. "四"意指为八个经卦的四种对立统一关系

图1.1中的八卦右侧的四条竖直两卦间的连线或图1.2中的180°相隔的两卦都表明两卦之间的对立统一关系。《易经•说卦》曰："天地定

12

位，山泽通气，雷风相薄，水火不相射，八卦相错。"明确指出天与地、山与泽、雷与风、水与火都为矛盾对立、相错，但非彼此孤立，而是彼此联系，是对立统一关系。

八个经卦都有各自的物理属性，《易经•说卦》中曰："雷以动之，风以散之，雨以润之，日以烜之，艮以止之，兑以说之，乾以君之，坤以藏之。""之"指万物。雷为震，风为巽，日为离。艮为山，兑为泽，乾为天，坤为地。《易传•系辞》曰："八卦而小成，引而伸之，触类而长之，天下之能事毕矣。" 每一卦可以取多种象，正因为如此，八卦才能包罗自然界和人类社会中的万象。在《易经》中，八卦所象之物及其功用还有很多，例如，《易传•系辞》中曰："乾道成男，坤道成女。"以天比作男，以地比作女等。八卦主要的物象、属性或功用可以有如下描述：

- 乾为天，意味着刚或健。

- 坤为地，意味着顺或和。

- 震为雷，意味着动或进。

- 巽为风，意味着入或风。

- 坎为水，意味着险或陷。

- 离为火，意味着附或丽。

- 艮为山，意味着止或定。

- 兑为泽，意味着说或悦。

在本书作者编写的关于计算机系统《易经》模型的论文中，从学科的 4 个基本方面即从空间、时间、性质和服务出发，将它们映射成《易经》八经卦的四种对立统一关系，如下所示。

- 空间：天与地映射为集中与分散（简称集与散）。

- 时间：火与水映射为并行与串行（简称并与串）。

- 性质：山与泽映射为刚性与柔性（简称刚与柔）。

- 服务：雷与风映射为供给与需求（简称供与需）。

再举一个大数据管理的《易经》模型的例子，在作者已发表的论文中详细描述了它。大数据的 4V 模型也可以映射成易经八经卦的四种对立统一关系。

5. "五"意指为《易经》的五层认知空间

在《易经》中"五"通常是指八卦的"五行学说"，在中医学中有着非常重要的意义,但在计算机系统和其他理工科的模型中则没有直接的明显指导意义，不过有助于进一步理解八卦。因此，这里将简单地介绍一下八卦的五行属性，而不再赘述其他知识。然后，将描述我们感兴趣的《易经》五层认知空间。

五行即金、木、水、火、土 5 种元素，它们具有相生相克性质，五行相生是指金生水、水生木、木生火、火生土、土生金；五行相克是指金克木、木克土、土克水、水克火、火克金。基于"五行学说"，八卦的象和五行的对应关系如下：

- 乾：为天，五行属性为金。代表天，也代表金属或具有金属性质的东西。

- 兑：为泽，五行属性为金。代表沼泽、水性物，也代表金属或具有金属性质的东西。

- 离：为火，五行属性为火。代表火或具有火性质的东西。

- 震：为雷，五行属性为木。代表雷，也代表树木或具有木性质的东西。

- 巽：为风，五行属性为木。代表风，也代表树木或具有木性质的东西。

- 坎：为水，五行属性为水。代表水或者具有水性质或流动性质的东西。

- 艮：为山，五行属性为土。代表山，也代表具有土性质的东西。

- 坤：为地，五行属性为土。代表地、大地，也代表具有土性质的东西。

《易经·系辞》中曰："生生之谓易，成象之谓乾，效法之谓坤，极数知来之谓占，通变之谓事，阴阳不测之谓神。"阳生阴，阴生阳，生生不息，就是易；在天成象，象就是乾；在地效法，法就是坤；规律的本质是数，数极则变，能够预测未来，就是占（卜）；变则能通，通则久，先通后变，就是事业；阴阳变化不穷，难以估计，所以神（奇）。从中可知，认知推理包括不同层次：理（神）、数、象、变、通，如

图 1.4 所示。《易经》认识世界的方法也有三种：即象、数、理。《易经》思维推演的基本方式是：推象知数，推数穷理。

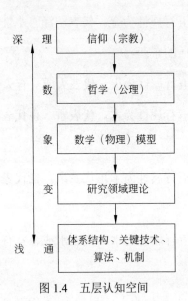

图 1.4　五层认知空间

　　本书作者在一百多所大学和科研单位所做的关于"做研究与写论文"的演讲中都使用了图 1.4 中的五层认知空间的表达，并进行了讨论，得到了广泛的赞成。

　　在兵法《三十六计》中，对认知空间也做了相应的论述。其《总说》中曰："数中有术，术中有数。阴阳变理，机在其中。机不可设，设则不中。"而其《按语》中曰："解语重数不重理。盖理，术语自明；而数则在言外""若徒知术之为术，而不知术中有数，则术多不应"。在这里"理"是指阴阳变理，"数"是指科学本质，"机"是指变通机理，"术"是指手段和方法，主要讲了理、数、机、术之间的层次关系，除了没有提到"象"以外，同上述五层认知空间的表达一致。

6. "六"意指为六十四卦中别卦的"六爻"

为了有效地反映事物之间的相互关系，即八卦之间的相互关系，完成"三生万物"的表达，需要两两经卦相叠形成一个别卦，八个经卦可以生成六十四个别卦，完成整个宇宙的描述。《易经•说卦》中曰："兼三才而两之，故《易》六画而成卦。"六画即为六爻。《易传•系辞》中又曰："有天道焉，有人道焉，有地道焉。兼三才而两之，故六。六者非它也，三才之道也。"六爻象形成三才，上两爻象为天，下两爻象为地，中间两爻象为人。

两经卦皆处于上下层之位，但在《易传》的语义解释中可有 5 种关系：（1）上下；（2）内外，上卦为外卦，下卦为内卦；（3）前后，上卦为前卦，下卦为后卦；（4）平列，将上下卦之位视为平列之位；（5）同卦相叠，共有八卦，有重复强调之义，或仅合为一体。

两经卦相叠组成复合卦象的属性有相制相克、相和相应等关系。例如：

- 革卦，上泽下火，表现为二者相制相克。
- 既济卦，上水下火，表现为二者相和相应。
- 未济卦，上火下水，表现为二者不相关。

在《易经》中不但爻有阴阳之分，而且六爻所在位置也有阴阳爻位之分，其中奇数层位为阳，偶数层位为阴。有六种阴阳爻象与爻位阴阳结合情况和相应学说。

- 刚柔相应说。

- 刚柔当位说。

- 刚柔得中说。

- 刚柔尊位说。

- 刚柔上下位说。

- 柔刚从乘说。

这些不同的学说关系影响卦的属性和卦象的评价,例如,吉利、凶险及盈虚和得失等。中庸学说是儒家思维和《易经》推演中最重要和核心的学说,是其评判标准。在刚柔相应、刚柔得中和刚柔当位等学说中,充分体现出中庸思维。

2　绪　论

2.1　文化自信

本书的宗旨就是本着文化自信的精神，深入学习具有三千多年历史的《易经》，挖掘《易经》形象思维的抽象和推理理念，尤其是它的"阴与阳"对立统一的哲学和变化转换的观念。结合现代计算机学科的发展和作者本身的专业经历，给出计算机系统设计策略三十六计和算法三十六计的初步成果，作为研究和实践的第一步。

对于中华文化和哲学，伟大的科学家爱因斯坦也赞赏有加，他对中国古人和西方的科学发展基础进行了对比[1]："西方科学的发展是以两个伟大的成就为基础的，那就是希腊哲学家发明形式逻辑体系（在欧几里得几何学中），以及通过系统的实验发现有可能找出因果关系（在文艺复兴时期）。在我看来，中国贤哲没有走上述这两步，那是用不着惊奇的。令人惊奇的倒是这些发现（在中国）全部做出来了。"《易经》强调形象感性认识，并给出高层次的哲理思想来解决困难问题。它早已被翻译成多种语言，在世界广泛流传[2]。分析心理学创立者荣格是一位瑞士心理学家，对《易经》非常推崇："谈到世界人类唯一的智慧宝典，首推中国的《易经》。"他研究《易经》，并出版了他在这方面的著作[3]。

2.2 《易经》的哲学文化内涵

《易经》的形成经历了伏羲始作八卦，周文王完成周易六十四卦，老子的道教哲学思想，以及孔子和学生们学习《易经》并创作出《易传》十翼。《易经》凝聚了伏羲、周文王、老子和孔子四位圣人为代表的中华民族几千年来。对宇宙、自然和社会的认识和理解，是集体智慧的结晶。《易经》的智慧为中国的儒、道、释等诸子百家及医学、建筑、武术和书画等百工提供了充分的思想支持。

《易传·系辞》曰："一阴一阳之谓道。"阴阳是老子以来发明的一对哲学概念，认为宇宙自然界存在相反属性的事物，而相反事物的推摩作用是事物的普遍规律。它们以彼此消长的形式进行，处于动态平衡状态的变化之中，保持着事物的发展变化态势。《易传·系辞》中曰："《易》与天地准，故能弥纶天地之道。"《易经》与天地等同，所以能够囊括天地间的一切道理。"范围天地之化而不过，曲成万物而不遗，通乎昼夜之道而知，故神无方而易无体。"《易经》囊括了天地的一切变化而又不过度，成全万物而无一遗漏。洞悉阴阳变化之道而充满智慧，所以大道没有一定的套路，《易经》之道也没有一定的形体。"天地设位，而《易》行乎其中矣，生性存存，道义之门。"天地确立了高下的位置，《易经》之道也就在其中运行了。它成就万物的本性，保存万物的生存，是通往道义的大门。

《易经》是以中华文化为代表的东方思维的精华，辩证思维是其核心。这种思维的主要特点是：整体性、模糊性和不确定性，它强调形象思维、想象力或悟性，以事物性质分析和系统设计见长。而西方文化和思维主要表现为逻辑思维或者分析思维，其思维的主要特点是：孤立性、准确性和确定性，它强调形式化和形而上学的方法，以数量分析、逻辑推理和系统分析描述见长。这两种思维方式各有所长，要相互交融，避其所短，用其所长。本书主要研究探讨计算机学科的设计策略和算法思路层面的问题，当然以辩证思维和《易经》模型及理念为主是最好的选择。

2.3 《易经》思维与计算机学科发展

为了清晰描述《易经》思维与计算机学科发展的关联，我们从计算机学科发展的基础即二进制数的产生出发，再进一步描述计算机学科中的理论基础布尔代数和图灵机与《易经》思维的对应关联，最后简单描述当前计算机学科最热门话题即大数据和人工智能及与之对应的《易经》模型和思维方案。

二进制是计算技术中广泛采用的一种数制，二进制数是用 0 和 1 两个数码来表示的数，它是 18 世纪的德国数理哲学大师莱布尼兹发现的。1701 年他写信给在中国的法国耶稣会士白晋（Joachim Bouvet，1656—1730）告知自己的新发明，白晋向莱布尼茨介绍了《易经》和八卦系统，它也是建立在阴阳两个符号基础上的符号系统。二者非常相似，这令莱布尼兹很吃惊，他深信《易经》在数学上的意义。1703 年他在欧洲撰写了第一篇《易经》评论，认为它证明了二进制数和有神论的普遍性[4]。19 世纪爱尔兰逻辑学家乔治·布尔（George Boole, 1815—1864）将对逻辑命题的思考过程转化为对符号 0 和 1 的某种代数演算，0 或 1 是基本算符。布尔代数中的变量代表一种状态或概念存在与否的符号[5]。如同《易经》中阴与阳的概念，其中阴为 0，阳为 1，表示事物的性质。布尔代数广泛应用于电子学、计算机硬件和计算机软件等领域的逻辑运算中，可用于实现对逻辑的判断。

艾伦·图灵（1912—1954）在 1936 年提出了一种抽象计算模型——图灵机（Turing Machine）[6]，即将人们使用纸笔进行数学运算的过程进行抽象，由一个虚拟的机器替代人们进行数学运算。图灵机主要是给出了可计算性判定问题，著名的邱奇-图灵论题是：一切可计算的函数都可用图灵机计算，反之亦然。在本书作者的《易经》计算机系统模型论文[7]中也指出，《易经》的第四十解卦给出了可计算性判定模型与图灵机相关联。解卦模型从更高的哲学角度给出一般问题的"解"，也包括计算机算法的可解性。

在 2007 年，图灵奖获得者詹姆斯·格雷提出了科学研究的第 4 范式[8]，强调了数据思维，它是大数据处理的一种哲学理念。大数据思维就是从数据中发现现象和规律。针对大数据的 4 种特性（Volume, Variety,

Velocity, and Veracity，简称 4V 模型）[9]，进行阴阳划分和对立统一抽象，可形成《易经》的八卦模型[10]。通过《易经》的象、数、理的推理方法，可以从大数据抽象《易经》模型出发，到确认卦象之间的相互关系，最后可从六十四卦的《易传·象传》和《易传·象传》以及《爻·辞和象》中得到规律的启示和知识。

近年来，计算机学科中人工智能技术发展非常迅速，人工智能领域的基础特性包含不确定性、模糊性与概率选择，强调变化思维，这正是《易经》模型和推理所具有的特性。《易传·系辞》中曰："穷神知化，德之盛也。""穷神"就是指通过智能深度学习和模拟比较，才能穷究事物之神妙。"知化"就是指了解和掌控事物之变化规律，制定各种概率方案，而基于《易经》的计策体现了人类智慧的结晶。作者已在多目标优化论文[11]中，论述了《易经》模型与思维同人工智能方法的关联。

如上一节所述，《易经》"曲成万物而不遗"，计算机学科发展的"万物"都有对应的《易经》模型和思维方案。通过阅读本书的策略三十六计和算法三十六计，可以有更多体验。

3 计算机学科的四个基本科学问题

3.1 《易经》基本哲学理念与四种基本对立统一关系

《易传·系辞》中曰："一阴一阳之谓道。"这就指明了研究计算机学科的基本规律，就是研究相关事物的对立统一关系。"万物之始，大道至简，衍化至繁。"研究必须遵循大道至简这一理念。《易传·系辞》中曰："易则易知，简则易从；易知则有亲，易从则有功；有亲则可久，有功则可大。可久则贤人之德，可大则贤人之业。易简，而天下之理得矣；天下之理得，而成位乎其中矣。"通俗地讲，平易的容易认知，简约的容易遵从。容易认知，所以有人亲近；容易遵从，所以有所成功；有人亲近就可以长久，有所成功就可以壮大。可以长久，是说贤人的品德；可以壮大，是说贤人的事业。掌握了平易简约的道理，就是掌握了天下的道理；掌握了天下的道理，在其中的地位也就确立了。

《道德经》四十二章[12]中曰："道生一，一生二，二生三，三生万物。""一"是指"道"，"二"是指阴和阳，"三"就是指"三爻"阴阳表达所生成的"八卦"。因此，研究科学和规律的体系，要从四种对立统一关系的八卦出发。进而通过任意两卦的相叠（即任意两个经卦象之间的相互关系）所得出的六十四卦描绘了万物的整体状态空间。卦的"三爻"按天、人、地"三才"的哲学理念进行抽象表达，没有具体事物和数值观念，只有阴阳相别。《易传•说卦》中曰："以立天之道，曰阴与阳。立地之道，曰柔与刚。立人之道，曰仁与义。"其中，仁以爱人，主于柔。义以制事，主于刚。

《道德经》二十五章[12]中曰"道法自然"，按自然法则进行映射。《易传•系辞》中曰："八卦而小成，引而伸之，触类而长之，天下之能事毕矣。"每一卦可以取多种象，正因为如此，八卦才能包罗自然界和人类社会中的万象。从一件事物中了解到道理所在，再引申到它的内在含义，触类旁通，进而推知同类事物的知识或规律。这样天下所有的事情也就都能理解了。

《易传•说卦》中曰："天地定位，山泽通气。雷风相薄，水火不相射。八卦相错。"天地确定空间位置，山泽气息变化相通，雷风相迫而动，水火不相克。八卦所象的天与地、山与泽、雷与风、水与火都是矛盾对立的。八卦所象交错存在于宇宙中，它们并非彼此孤立，而是彼此联系的，其含义指八象之间的对立统一关系。

3.2　计算机学科的基本科学问题

在作者的论文[7]中，已经讨论并给出了计算机系统的《易经》模型，如图 3.1 所示。可以从以下四个方面对计算机学科进行抽象：

- 空间（架构）：集中与分散。

- 时间（操作）：串行与并行。

- 性质：刚性与柔性。

- 服务：供给与需求。

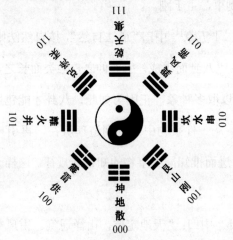

图 3.1　计算机学科的八卦图

进一步可以得出计算机学科的四种基本对立统一关系，即四个基本科学问题，它们包括：集分定位、串并转换、刚柔相摩和供需相应。

四个基本科学问题的交织可以产生计算机学科的一些根本性科学问题，例如：

- 时间+空间：时间与空间转换。

- 操作+空间：多目标优化、多种计算模式。

- 性质+服务：可扩展性、安全性等特性。

- 操作+服务：图灵机模型、任务调度和资源管理中的科学问题。

对这些科学问题提供相应的解决方案和计策算法，就是本书所要提供的策略三十六计和算法三十六计的重要任务。

3.3　系统特性与计算和发展模式

本书介绍的集中与分散设计策略涉及系统（主要指计算机、平台和网络）和架构（象与形）设计的性质，主要包括 6 类：联通性、开放性、适配性、友好性、平稳性和可管性。

本书介绍的集中与分散定位中所涉及的计算和发展模式包括：

- 时空转换：时间换空间与空间换时间。

- 计算模式（串并计算与集分处理形态之间的 4 种组合）：批计算、流计算、交互计算和合流计算。

- 发展模式：演进与变革。

本书介绍的刚柔设计涉及计算机系统的特性，主要包括 8 类：可控性、可信性、效率性、安全性、可变性、可扩展性、生存性和可靠性。

4 计策的推理

4.1 推理的评价和方法

基于《易经》进行推理，坚持"一阴一阳之谓道"，奇偶二数、阴阳二爻、乾坤两卦、八经卦和六十四卦都由一阴一阳构成，没有阴阳对立，就没有《易经》。它把阴阳观念发展成一个系统的世界观，称之为道。

《易传•说卦》中曰："和顺于道德而理于义，穷理尽性以至于命。"《易经》中的推理评价基于中庸与和合思想，中庸哲学命题最早来源于孔子提出的"中庸之为德也，其至矣乎，民鲜久矣。"（《论语•雍也》）[13]。《中庸》一书是儒家中庸思想的经典著作之一[14]，成书于战国末期至西汉之间。"天人合一"的中庸之道指：不偏不倚，无过无不及，永恒恪守中道；既平庸无奇又至高无上，既简单易行又终难企及。"和而不同"与"和衷共济"的主张揭示的是求同存异、包容互补、和谐共存的价值取向。"阴在阳之内，不在阳之对"，体现在《易经》卦象中的阴阳"相和（应）说"和阴阳"得中说"。

所用的推理方法有取义说、取象说和爻位说，义相对于语义，象相对于语法，爻位则相对于变化规则。《易传•系辞》中曰："是故《易》者，象也；象也者，像也。象者，材也。爻也者，效天下之动者也。"

因此，《易经》的内容就是描述万事万物的形象。所谓象，就是象征。所谓彖，就是裁断和语义。所谓爻，就是仿效天下万物的变化。《易传·系辞》中曰："彖者，言乎象者也。爻者，言乎变者也。""彖辞"是解释全卦现象的，"象辞"是总结卦象并给出应对策略的，"爻辞和象"则说明每一爻的变化、判断及应对。

象、数、理是《易经》的基本范畴：

- 象即万物之象，指事物表现的方式。
- 数为信息盈虚和得失成败之数，即变化的属性。
- 理就是事物恰到好处的情由，指事物存在的规律和道理。

推象知数，推数穷理，其含义是：

- 由事物的外在形象来认识其表征内容。
- 由事物的表征来认识事物的属性（数）。
- 由事物的属性来认识事物的本质。

4.2　推理中的变化思维

郑玄说："易一名而含三义：易简，一也；变易，二也；不易，三也。"简易者其德，不易者其体，变易者其用。《易传·系辞》曰："易之为书也不可远，为道也屡迁，变动不居，周流六虚，上下无常，刚柔相易，不可为典要，唯变所适。"《易经》这部书难以穷尽，书中的道理灵活多变，各爻在六个爻位之间变化不停，从上位降至下位，由下位升

29

向上位，或上或下没有定式，刚柔之间互相变易，所以不可固执于一种典常模式，唯有适应其变化之所往，才能明白其道理。

思维变化的性质包括：

- 强调了事物变化的必然性。

  《易传·系辞》曰："刚柔相推而生变化。"阳刚阴柔相与切摩推荡，而产生变化。《易经·系辞》又曰："变化者，进退之象也。"变化是前进或后退的现象，强调了宇宙事物变化生生不息的性质，突显了"居安思危"的忧患意识。

- 突出了"物极必反"的思想。

  《易传·系辞》曰："《易》，穷则变，变则通，通则久。"《易经》的道理是不通（穷极）时就变，变就通达，通达则能恒久。

- 表现了变化的时序观念。

  《易传·系辞》曰："变通者，趣时者也。"变通，是指导人们趋向时机而动。《易传·系辞》又曰："易之为书也，原始要终，以为质也。六爻相杂，唯其时物也。"《易经》这部书的本质是通过考察事物的源头，来探求事物的结局。一卦分为六爻，六爻错综交合，反映的是一定时间内事物变化的结果。

- 肯定了变化的变革目标。

  变革具有重要意义，主张自强不息，通过变革以完成功业。变化或不变化要视有利或没利而定，吉凶视事物变化而变化。又以"保合太和"为最高的理想目标，继承了中国传统重视和谐的思想。

4.3　兵法三十六计与启示

兵法三十六计[15]是几千年中华民族的智慧之花。它来自于历史长河中众多兵家的诡谲之谋，并进行归纳与提炼，久经验证而最后形成。

《三十六计·总说》曰："数中有术，术中有数。阴阳变理，机在其中。机不可设，设则不中。"

《三十六计·按语》曰："解语重数不重理。盖理，术语自明；而数则在言外。若徒知术之为术，而不知术中有数，则术多不应。"在这里，数是指《易经》道理或规律，术是指权术、策略或方法等，机是指机会变化。三十六计总论中，特别强调了《易经》的阴阳调和的道理，指出任何策略权谋都不能离开《易经》的道理去设计，否则就要遭致失败。在阐述解语中，要重视《易经》的哲学道理，而不必囿于策略本身的道理。因为策略本身的道理通过解语本身可揭示清楚，而事物的哲学道理不是字面意义可以表达明白的。

在兵法三十六计的近乎每一计的解语中，基本上都选用《易经》卦中的象、象和爻辞为主要依据，以"易"推演兵法。兵法三十六计的组成体系以"我"与"敌"的"强"与"弱"区分，再以"强"与"弱"的多、少、相当三种情况进行区分，组成六套计策。在每套计策中，以刚柔、奇正、攻防、彼己、主客、劳逸等阴阳对立统一关系，进行每一计的推演。

在本书所提出的计算机学科的策略三十六计和算法三十六计中，继承了兵法三十六计以"易"推演的思路，每一计策都选用《易经》卦中的象、象和爻辞为主要依据，以"易"推演计算机设计策略和算法。当然兵法与计算机设计策略和算法完全不同，推演的规则、思路、内容以及计策所采用的《易经》卦也不相同，详见本书的内容。

计算机学科是一个不到百年的新兴学科，而《易经》已有近三千年的历史，二者如何融合，并以《易经》的视角对计算机系统和算法设计给出有益有效的计策，是一个具有挑战性的难题。同时，如何准确地表达和描述这种融合也是难度巨大。

本书的编写工作可以看作是一项大工程的开启，当然任何有效计策的产生还需要众多专业人员和历史的检验，我们希望将更多的建议和修正加入我们的工作中，以期众人智慧的显现。本书作者虽有近五十年计算机专业学研经历，又有十年以上的《易经》学习基础，也深感知识的匮乏和实践不足，望能得到帮助和指点。

4.4 本书计策体系

计策组成体系以计算机系统所对应的四种基本对立统一关系及基本科学问题为出发点，每种对立统一关系分成三种状况，即按照"强"

"弱"和"相当"区分。例如，在供给与需求的对立统一关系中，可分为"供强需弱""供弱需强"和"供需平衡"三套计策，每套提供六个计策，总计十八计。这样四种基本对立统一关系就可形成四组十八计。我们的推演逻辑不仅仅单独考察几种对立统一关系，而是全面考察八卦相叠的六十四卦所代表的计算机系统设计中面临的各种状态。因此，我们的计策研究体系就能基本概括计算机系统和算法设计中的所有科学问题。另外，我们策略和算法设计的计策还体现出很强的整体性和针对性。

在我们的计策设计中，还充分利用了六十四卦中包含三十二对对立卦的理念。对立卦又称错综卦，是从一种对立统一角度观测事物的状态，即两个卦中同位次的爻阴阳相反，且上下经卦位置对调，可称为对立卦对。八卦有四对对立关系，六十四卦则有三十二对对立关系。例如，对于集强分弱中的乾卦和分强集弱中的坤卦，其中乾卦和坤卦就是一对对立卦。在《杂卦》中，有对立卦对的特性和要义的描述。在计策设计中可充分利用对立卦对所反映的一对卦的矛盾对立关系，来定位计策中对应卦的选择。

4.5　策略三十六计和算法三十六计概述

计算机系统设计计策和算法计策有不同属性,在四种基本对立统一关系中，集与分以及刚与柔的对立统一演化涉及计算机系统设计中的架构定位和特性设计；而串与并以及供与求的对立统一演化则涉及计算机系统在任务调度和资源分配中的算法设计。

《易传·系辞》中曰："天尊地卑，乾坤定矣""在天成象，在地成形，变化见矣"。空间的集分定位涉及体系结构（包括部件和链接）设计和发展的思路策略，包括与操作因素结合形成的计算模式等十八计。《易传·系辞》中曰："动静有常，刚柔断矣""是故刚柔相摩，八卦相荡""刚柔相推而生变化"。刚柔设计涉及计算机系统的性质，例如可控性、可扩展性、可重构性和安全性等，从而形成十八计。供给与需求的相互关系可以映射成提供服务质量或资源分配与竞争等管理的算法策略，三套计策共十八计。串并转换可以映射成排队模型中的任务队列的连接，连接过程就要产生调度算法，分为三种状况（见下文），每种状况包括六计，共十八计。

- 1>N，描述为一个任务到达队列将任务调度分送到多个服务器的等待队列，即看作是串行向并行转换。

- M>1，是 1>N 的相反状况，描述为将多个任务队列的任务调度到一个服务器等待队列，即看作是并行向串行转换。

- M<>N，描述为串行与并行互转换中的任务调度，是 M>1 和 1>N 的联合模式，不仅是上述两种模式的简单联合叠加，更是结构上的队列与服务结合的泛在模式。

在本书每个计策的表述中包括四个部分：

- 计策名：尽量选用与计策相匹配的常用四个字的汉语成语，便于记忆和应用。如果不容易选到恰当的成语，可能选用《易经》经典用语或计算机领域常用语。

- 解语：解说本计策的思维理念和机理，包括所用《易经》卦的模型和思维，所反映事物的发展规律、面临状况、揭示计谋应对道理和需要机制等。

  在每一计策解语中，首先给出了该计策所涉及六十四卦中某一卦的卦名与卦象描述，以及在计算机系统中所对应表征的模型意义。一般原则上，计策所涉及的卦象与所讨论的对立统一关系相关，也与所讨论的对立面强弱状况相关。这些关系也在每个十八计的前面综述中做了说明。

  在每一计策解语中，重点部分是解决卦象所面临问题的计策和智慧。在这部分，每一计策解语中引用了该卦的彖、象以及爻的相关描述，当然并不是全部引用，而会删减与本计策相关性不大的部分。实际上，并非在每一个计策的解语中都包括彖、象以及爻的三部分相关的全部描述，但至少包括一部分，可进一步引申以描述清楚应对计策以及计算机系统中对应科学问题的求解之道。

  在彖、象以及爻的解读中，不做具体详尽的解说，而要通过东方思维对《易经》哲学的悟性来加深理解。例如，在资源管理十八计中的第十二计"井养不穷"中，对于井水与计算机系统资源的性质映射联想，要借助于悟性思考，不能靠形式推导解释。

- 按语：对解语的进一步解释和说明。这是对计策进一步的论述，分析各种应对措施的利弊，并引用一些实际例子等。

每个计策至少都有一个以上的实例，如果计策中包含着多个层面的考虑，也包含了多个实例。实例可以增加可阅读性，加深理解和解决实际问题的可能性。

本书同一般学术论文也有所不同，而更多是科学技术哲学意义上的探索，是文化理念方面的论文。这一探索，需要良好的学术生态环境的形成，不是一篇或几篇论文就可以完善的，而是需要多人不断的长期工作才能逐步加以完善。

- 参考文献：引用例子的文献。为了便于保持每一计策的相对独立性和方便阅读，将每个计策所引用的参考文献直接附录在每个计策之后。

参考文献

[1] Letter to J. S. Switzer, April 23, 1953; Einstein Archive 61-381, Available at: http://www.autodidactproject.org/quote/einstn2.html.

[2] [瑞士] 荣格. 东洋冥想的心理学——从易经到禅[M]. 杨儒宾，译.北京：社会科学文献出版社，2000.

[3] R. Wilhelm and C. F. Baynes, The I Ching or Book of Changes (Pantheon Books, 1951).

[4] G. W. Leibniz, Published in the memories de 1 academic royale des sciences, Die Philosophischen Schriften Von Gottfried Wilhelm Leibniz, Vol vii, ed. C. I. Gerhardt (Berlin, 1875-1890).

[5] Whitesitt J. Eldon，Boolean algebra and its applications. Courier Corporation, 1995.

[6] Turing Alan Mathison. On computable numbers, with an application to the Entscheidungsproblem. Proceedings of the London mathematical society 2, no. 1 (1937): 230-265.

[7] 林闯. 计算机体系结构设计原理的易经模型[J]. 电子学报，2016，44(8): 1777-1783.

[8] C. A. Lynch, Jim gray's fourth paradigm and the construction of the Scientific record, in The Fourth Paradigm: Data-Intensive Scientific Discovery (Microsoft Research, 2009), pp. 177–183.

[9] Y. Shi, Big data: History, current status, and challenges going forward, The Bridge, The US National Academy of Engineering 44 (2014) 6-11.

[10] Lin C, Li G, Shan Z, Shi Y. Thinking and Modeling for Big Data from the Perspective of the I Ching [J]. International Journal of Information Technology & Decision Making, 2017, 16(06): 1451-1463.

[11] Chuang Lin, Jiwei Huang, Ying Chen and Laizhong Cui. Thinking and Methodology of Multi-Objective Optimization. International Journal of Machine Learning and Cybernetics, Springer (2018) 9:2117-2127.

[12] 中华传世名著经典文库. 老子. 道德经[M]. 乌鲁木齐：新疆人民出版社，2003.

[13] 中华传世名著经典文库. 孔子. 论语[M]. 乌鲁木齐：新疆人民出版社，2003.

[14] 中华传世名著经典文库. 子思. 中庸[M]. 乌鲁木齐：新疆人民出版社，2003.

[15] 中华传世名著经典文库. 三十六计[M]. 乌鲁木齐：新疆人民出版社，2003.

5 策略三十六计

5.1 架构设计十八计

在集与分对立统一演化的架构设计十八计中，注意理解《易经》模型卦象的多种含义：

- 集中，可映射为天、乾、健、大等。

- 分散，可映射为地、坤、顺、小等。

集中与分散在计算和发展模式中对应的关系及对立统一关系如下：

- 计算模式（串并计算与集分处理形态之间的四种组合）：批计算、流计算、交互计算与合流计算。

- 时空转换：时间换空间与空间换时间。

- 发展阶段和模式的五种对立统一关系：大与小、分与合、内与外、集与分和演进与变革。

集中与分散涉及系统（计算机系统、平台和网络等）架构（象与形）设计的六方面特性：

- （结构）连通性和可扩展性。

- （网络）开放性和封闭性。

- （管理）可管性和安全性。

- （运行）稳定性和平衡性。

● （体系）适配性和自适应性。

● （界面）友好性和易用性。

在架构设计十八计中，一般难以使用对立卦对（或称错综卦）的卦象反转来解释对应状况，因天、地、水、火卦的反转卦象无变化，而只有上下经卦位置的变化。

在集中与分散对立统一所涉及的三套计策中，每套计策包含六计，共十八计。在下面计策的简单表达中，采用 X（Y、Z）形式，X 为计策名，Y 为所涉及的对立统一关系，Z 为所涉及的系统特性或作用特征。

第一套是集强分弱，包含第一计到第六计，分别是：密云不雨（大小、联通和友好）、积小成大（分合、开放）、时间换空间、积中不败（计算模式）、无坚不陷（计算模式）和自强不息（集分、超算）。

第二套是分强集弱，包含第七计到第十二计，分别是：兼容并蓄（大小、安全和可管）、用戒不虞（分合、自适应）、空间换时间、水来土掩（计算模式）和攘外安内（计算模式）和防微杜渐（分散、安全）。

第三套是集分平衡，包含第十三计到第十八计，分别是：非礼勿动（内外、稳定和平衡）、秉节持重（内外、底线管控）、无往不复（小往大、开放）、否极泰来（大往小、封闭）、循序渐进（演进）和穷则思变（变革）。

第一套　集强分弱

第一计　密云不雨

解语：《易经·小畜卦》。在我们的模型中，卦象为需求在上、集中在下。《象》曰："密云不雨，尚往也。"有云气聚集，不下雨，还要经过一段时间的努力。《象》曰："以懿文德。"要体现出形象和本质的美，满足系统设计特性要求。（爻·初九）曰："复自道。"返回原来的道路上，继续研判打磨。

按语：在计算机系统设计中，要从一点一滴开始，成果需要聚集，才能小有收获。不断积累，慢慢积少成多。另外，部分成果相互间需要磨合调整。设计要满足系统设计特性的需求，如系统的各个模块部件之间要不断磨合、互相协作，具有良好的连通性[1]。又如系统要具有界面友好性，因为系统的界面是一般用户与系统沟通的重要平台，提供友好的界面有利于用户快速熟悉系统，享受使用系统的过程[2]。同时要做到不达到设计要求就不发布产品。系统设计是一个过程，要反复不断地回到原来的技术路线进行实验和验证。当然，这也是一个对标对表的过程，要按照既定目标前行。

参考文献

[1] Sullivan, Kevin J., William G. Griswold, Yuanfang Cai, and Ben Hallen. "The structure and value of modularity in software design." In ACM SIGSOFT Software Engineering Notes, vol. 26, no. 5, pp. 99-108. ACM, 2001.

[2] Galitz, Wilbert O. The essential guide to user interface design: an introduction to

GUI design principles and techniques. John Wiley & Sons, 2007.

第二计 积小成大

解语:《易经·升卦》。在我们的模型中,卦象为分散在上、需求在下。《象》曰:"柔以时升。"初爻为阴,依时上升。《象》曰:"君子以顺德,积小以高大。"顺应需求,从小做起,逐步提升。

按语:顺应网络节点的需求,逐步联网聚合,上升为网络需求。在网络系统设计中,同辈协议设计为重点。网络协议包括语法、语义和时序三要素:语法用来规定传输信息格式和编码等;语义用来说明通信双方应当怎么做和差错处理;时序定义了何时进行通信,先讲什么,后讲什么等。在网络协议中,核心是网络层协议,它是协议栈的"腰",起到承上启下的作用。利用协议可以将网络的节点连接起来,由点到面,由小到大,提升系统规模,形成网络系统。网络系统一定要具有开放性,做到互联互通,形成规模和效益。但也要保证网络和用户的安全,网络上的有些数据、信息和控制机制等需要封闭性。例如,TCP/IP 协议本身具有开放性,有利于网络协议的普及和发展。但是,由于它的开放性,给网络带来了潜在的安全性隐患[1]。

参考文献

[1] Li, Yanyan, and Keyu Jiang. Prospect for the future internet: A study based on TCP/IP vulnerabilities. In 2012 International Conference on Computing, Measurement, Control and Sensor Network, pp. 52-55. IEEE, 2012.

第三计　时间换空间

解语:《易经·明夷卦》。在我们的模型中,卦象为分散在上、并行在下。《象》曰:"明入地中。"光明进入地中,外暗内明。《象》曰:"用晦而明。"晦中可以纳明,即用时间换空间。

按语:在计算机系统中,程序代码的运行需要内存空间,也需要执行时间。可以通过增加磁盘多次调用存取时间,来减少在内存空间中存放的代码、中间结果和数据,即增加代码运行所需要的执行时间和减少内存空间的需求,进而完成时间换空间。例如,当程序代码运行的内存空间不足时,操作系统就会采取 Swapping 技术,这会导致运行时间的增加,但可以有效缓解空间受限问题[1]。在网络环境中,程序代码的运行可能分布在不同节点服务器的内存中,多个进程可以并行运行,空间的考虑上要包括进程分布情况;整体(任务)程序所需要的执行时间则要考虑多个进程的时序关系、进程之间的通信和同步时间。一般情况下,网络并行运行可以减少时间,提高效率,而且并行程度高,效率可能会更好。但在进程的时序关系复杂、进程之间的通信和同步时间比较长时,效率就会下降。在网络运行中进行时间换空间时,一般可以采用减少并行度的方法,尽量采用串行执行。如何设计时空转换是一个重要的策略问题,尤其是在网络系统中,需要多方面、多角度的考量和设计。

参考文献

[1] Ghodsi, Ali, Matei Zaharia, Benjamin Hindman, Andy Konwinski, Scott Shenker, and Ion Stoica. Dominant Resource Fairness: Fair Allocation of Multiple Resource Types. In Nsdi, vol. 11, no. 2011, pp. 24-24. 2011.

第四计　积中不败

解语：《易经·大有卦》。在我们的模型中，卦象为并行在上、集中在下。《象》曰："应乎天而时行。"顺应规律而按时运行，并行处理集中任务。（爻·九二象）曰："大车以载，积中不败也。"批量加载，任务堆积，没有损失。

按语：批计算是一种基础计算模式，也涉及数据中心系统的概念，如大数据批处理计算平台 MapReduce。在大数据时代，并行处理集中数据是大数据处理和分析的重要方式。数据中心通常是由服务器、网络设备、存储设备和电力供给系统等组成，通过存储大量数据，服务器并行协作进行密集计算。大型数据中心的规模一般包括 10 万台以上的服务器，向外提供服务可以做到积中不败。支撑互联网服务的数据中心的典型业务包括 Facebook 社交网站、YouTube 视频服务和谷歌搜索引擎等。另一类是云数据中心/虚拟化数据中心[1]，这类数据中心向用户提供云计算服务。在这种模式下，用户可以通过网络随时随地方便地按需访问可配置资源池中的计算、网络、存储和软件等资源。数据中心中的很多应用都需要大量服务器并行协同完成，服务器之间的通信非常频繁，因此计算平台的整体性能成为影响业务性能好坏的一个重要因素[2]。

参考文献

[1] Beloglazov, Anton, and Rajkumar Buyya. Energy efficient resource management in virtualized cloud data centers. In Proceedings of the 2010 10th IEEE/ACM international conference on cluster, cloud and grid computing, pp. 826-831. IEEE Computer Society, 2010.

[2] Yin Li, Chuang Lin, Fengyuan Ren. Analysis and Improvement of Makespan and Utilization for MapReduce, The 15th IEEE International Symposium on High Performance Computing and Communications (HPCC), 2013.

第五计　无坚不陷

解语：《易经·需卦》。在我们的模型中，卦象为串行在上、集中在下。《象》曰："刚健而不陷，其义不困穷矣。"串行处理集中数据，刚健就不会陷入危险，道理上不会困顿。

按语：流计算是一种基础计算模式，也是大数据处理的重要基础模式之一。对于连续数据集中存储，可以想象为图灵抽象计算机的无穷长的纸带。流计算有一个通用的计算模型——冯·诺依曼计算机的输入输出体系结构，它没有并发计算的时序关系限定，是一种确定性计算[1]。集中数据的刚健是重要保证，流数据没有完成集中前需等待，待机而动。为对流形式的数据进行实时分析，也可以将处理任务分开，比如分为图像识别和文本识别，然后将处理后的结果碎片组成完整的答案。例如，在大数据处理批处理计算平台 MapReduce 中，为支持流式处理，需要改造成管线（Pipeline）模式[2]。

参考文献

[1] 沈绪榜，孙璐. 计算模式的统一研究. 计算机学报，37（7）：1435-1444，2014年7月.

[2] Yin Li, Chuang Lin. PipeFlow Engine: Pipeline Scheduling with Distributed Workflow Made Simple, The 19th IEEE International Conference on Parallel and Distributed Systems (ICPADS), 2013.

第六计　自强不息

解语：《易经·乾卦》。在我们的模型中，卦象为集中相叠。《象》曰："天行健""自强不息"。天道刚健，奋发图强，永不停息，去攻克超算的各种性能极限。（爻·上九象）曰："亢龙，有悔，盈不可久也。"凡事过了头，就不能长久。（爻·用九象）曰："天德不可为首也。"阴阳互转，合于天德，阴阳没有谁能为首。

按语：超级计算机是计算机系统设计的一个难点，也是互相竞争的热点，在计算机系统领域有很大的标志性意义。这个领域有很多困难问题需要攻克，例如，计算速率的进一步的数量级提升、系统集成度的提高限制以及供电和散热的"绿色"问题等，每个难题都面临着现有科学技术的突破和创新。超级计算机也可看作是集群系统，指的是一组松散或紧密地连接在一起协同工作的计算机（也称为服务器）。这些服务器通常通过内部局域网互连，而每台服务器运行自己的操作系统实例。集群系统的出现是多种计算资源融合的结果，包括低成本微处理器、高速网络以及高性能分布式计算软件等。部署集群系统主要是为了提高计算能力并降低成本。一方面，集群系统提供了并行数据处理能力，相比单台服务器更易执行更大的计算负载并获得更高的计算速度；另一方面，相比计算能力相当的单台服务器，集群系统的成本要低很多[1]。此外，集群系统的优点还包括更强的可靠性与可扩展性。通过向集群中水平地添加更多的服务器，即可提高性能、冗余与容错能力。可以将超级计算机与集群系统之间的关系看作"天德不可为首也"，集中之中必有分散，集中与分散可以相互转化；强化集中，也要强化分散连接。反之亦然。集中再集中是超级计算机的思路，集中有散是解决之道，集散联合起来可获得更大成功（天得）。

参考文献

[1] Buyya R, et al. High performance cluster computing: Architectures and systems (volume 1)[J]. Prentice Hall, Upper SaddleRiver, NJ, USA, 1999, 1: 999.

第二套　集弱分强

第七计　兼容并蓄

解语：《易经·临卦》。在我们的模型中，卦象为分散在上、柔性在下。《象》曰："教思无穷，容保民无疆。"在网络管理中，最广泛地教导网络用户，最大限度地包容和保护网络用户。

按语：在网络用户行为管理中，首先应制定上网和网络应用的规定和法规，要对用户反复进行教育引导。另外，网络不是法外之地，对于犯规或犯法者，要进行惩戒，确保网络安全秩序。网络安全用户管理非常重要，主要有以下几大安全管理问题：（1）数据的私有性：保护网络数据不被入侵者非法获取；（2）用户授权：防止入侵者在网络上发送错误信息；（3）访问控制：控制对网络资源的访问；（4）配置管理：必须对用户进行的每一项配置操作进行记录，管理人员可以随时查看特定用户在特定时间内进行的特定配置操作，查证其合法性。例如，文献[1]提出了一个安全可扩展的数据管理方案，便于用户管理，以安全的方式更新动态用户组，并限制未经授权的用户使用敏感数据。为了进一步降低通信开销，该方案还采用了预验证的访问控制技术，防止未经授权的用户下载相关的数据。

参考文献

[1] Yuan, Haoran, Xiaofeng Chen, Tao Jiang, Xiaoyu Zhang, Zheng Yan, and Yang Xiang. "DedupDUM: Secure and scalable data deduplication with dynamic user management." Information Sciences 456 (2018): 159-173.

第八计　用戒不虞

解语：《易经·萃卦》。在我们的模型中，卦象为柔性在上、分散在下。《象》曰："萃，聚也""聚以正也"。以正确的途径进行聚集管理。《象》曰："戒不虞。"戒备不测事变，需要考虑网络体系的自适应性设计。

按语：随着计算技术和互联网业务的蓬勃发展，用户对网络应用提出了越来越高的要求，多样化的需求使得现有互联网架构难以适用，成为了网络业务进一步发展的瓶颈。突出矛盾表现在以下方面[1]：（1）有限的地址资源与无限增长的服务资源需求间的矛盾，地址与服务资源难以实现——绑定，阻碍了资源的优化调度；（2）业务模式革命性转变与网络架构局限性间的矛盾，现有网络协议难以承担以大规模数据传输为重点的网络传输任务；（3）数据来源多样性、突发性与网络管理机制滞后间的矛盾，多样性数据给网络带来更多的威胁，管理的滞后助长了安全事件的蔓延；（4）服务质量要求提升与网络性能提升不成正比，计算模式与存储技术发展加速了对服务质量要求的提升，网络性能成为满足服务质量的瓶颈。

自适应体系结构是未来网络的发展方向，可控、可管、可扩展和可信是实现自适应特性应满足的基本指标。目前也提出了几个自适应网络的体系结构，例如，控制优先的层次化网络体系-4D 模型[2]、管理优先的并行化网络体系[3]和侧重可信的综合化网络体系[4]等，但这些网络体系结构还需要进一步完善和提高。

参考文献

[1] 林闯，贾子骁，孟坤. 自适应的未来网络体系架构. 计算机学报，35(6): 1077-1093, Jun 2012.

[2] Greenberg A, Hjalmtysson G, Maltz D, et al. A clean slate 4D approach to network control and management. ACM SIGCOMM Computer Communication Review, 2005, 35(5): 41-54.

[3] Elliott C. GENI: Opening up new classes of experiments in global networking. IEEE Internet Computing, 2010, 14(1): 39-42.

[4] Peng Xue-Hai, Lin Chuang. Architecture of trustworthy networks//Proceedings of the International Symposium on Dependable, Autonomic and Secure Computing. Indianapolis, USA, 2006:269-276.

第九计　空间换时间

解语：《易经·晋卦》。在我们的模型中，卦象为并行在上、分散在下。《象》曰："明出地上。"光明照耀大地，外明内暗。（爻·初六）曰："晋如摧如。"前进着，摧毁着。系统运行齐头并进，以空间的宽度赢得运行速度和效率的高度。

按语：在"时间换空间"计策的按语中，已经阐述了计算机和网络系统时空转换的基本原理。在网络并行运行环境下进行空间换时间时，可以增加网络的宽度，尽量采用并行执行，减少执行时间，提高效率。同时注重进程的时序关系的简化，减少进程之间的通信和同步时间。例如，文献[1]提出了 tmpfs 系统，将计算机的部分内存作为虚拟磁盘，以替代传统文件系统的存储方式，从而实现了空间换时间的思想，达到了较快的文件读写速度。

参考文献

[1] Snyder, Peter. "tmpfs: A virtual memory file system." In Proceedings of the autumn 1990 EUUG Conference, pp. 241-248. 1990.

第十计　水来土掩

解语：《易经·晋卦》。在我们的模型中，卦象为并行在上、分散在下。《象》曰："自昭明德。"提高自身效能。（爻·六三象）曰："众允之志，上行也。"大众共同允许的志向能够使交互计算的流量突发增长，边缘计算是一种有效的解决方案。

按语：在并行处理分散数据时，可以采用交互式计算模式。在网络环境下，原有的交互式计算存在一定的问题，比如为了实现人机对话，随着用户和计算机数量的指数性增加，导致计算处理的负担加重，效率低下。随着物联网技术和云端计算的兴起，边缘计算技术取得了突破。边缘计算是指在网络和云端的边缘进行交互式计算，意味着许多控制将通过本地设备实现而无需交由云端处理，大部分处理过程将在本地边缘计算层完成。这无疑将大大提升处理效率，减轻云端的负荷。由于更加靠近用户，还可为用户提供更快的响应，将更多需求在边缘端解决。随着无线网络和移动技术的快速发展，人们还可以采用移动边缘计算模式，随时随地进行交互式计算。当然移动边缘计算也面临各种挑战，例如，移动业务的时变性和边缘容量不易扩展等问题需要去解决[1]。

参考文献

[1] X. Ma, S. Zhang, W. Li, P. Zhang, C. Lin, and X. Shen, Cost-efficient workload scheduling in cloud assisted mobile edge computing. in IEEE IWQoS'17, Vilanovai la Geltru, Spain, June 2017.

第十一计　攘外安内

解语：《易经·比卦》。在我们的模型中，卦象为串行在上、分散在下。（爻·六二象）曰："比之自内，不自失也。"理顺顺流内部的关系，本身不会失误。（爻·六四）曰："外比之。"对外友好亲近。合流计算需要关注处理分散数据的内部时序关系，也要处理外部流计算的时序要求。（爻·上六象）曰："比之无首，无所终也。"流关系如果没有好的开头，也就不会有好的结尾。

按语：合流计算也是流计算的一种重要构成，它从不同网络节点收集连续数据，需要按照实时数据的时序关系进行串行流操作处理。不正确时序关系的分流会造成危险，无法汇成正确的流关系。分散数据块的时序关系是流计算的重要保证，因此流关系中数据块的开头和结尾也很重要，不能错位。汇聚分散的流计算也应是大数据处理的重要基础模式之一。例如，Flink 系统是目前广泛使用的流计算平台，它将流式的数据流汇集执行，提供了数据分布、数据通信以及容错机制等功能[1]。

参考文献

[1] Carbone, Paris, Asterios Katsifodimos, Stephan Ewen, Volker Markl, Seif Haridi, and Kostas Tzoumas. Apache flink: Stream and batch processing in a single engine. Bulletin of the IEEE Computer Society Technical Committee on Data Engineering 36, no. 4 (2015).

第十二计　防微杜渐

解语：《易经·坤卦》。在我们的模型中，卦象为分散相叠。（爻·初六）曰："履霜，坚冰至。"走在霜面上，要感知坚硬的冰块就要来了。在网络环境下，任何不安全因素都具有传导和放大作用，损害大，而且跟踪和修复困难。

按语：在计算机网络安全领域，存在两种防范技术方法：被动防御和主动防御。防火墙、反病毒、入侵检测与防网络攻击相关技术等都是属于被动防御的范畴，而漏洞扫描和评估技术则属于主动防御方法。连接在网络上的计算机系统存在的漏洞可能导致网络上的恶意攻击者能够入侵计算机系统的内部，从而导致计算机系统内数据的完整性和保密性遭到破坏。通过扫描和评估系统的脆弱性，可以发现存在漏洞的系统。它能够在可能的黑客攻击发生之前找出系统存在的漏洞，并提醒系统管理者将其修补[1]。脆弱性评估方法的发展经历了从手动评估到自动评估的阶段，由局部评估向整体评估发展，由基于规则的评估方法向基于模型的评估方法发展，以及由单机评估系统向分布式评估系统发展[2]。

参考文献

[1] 邢栩嘉,林闯,蒋屹新. 基于网络的计算机脆弱性评估. 计算机学报,2004, 27(1): 1-11.

[2] Bishop M., Vulnerabilities analysis[EB/OL], http://nob.cs.ucdavis.edu/ ~bishop/ papers/Pdf/vulclass.doc.pdf, 1999.

第三套　　集分平衡

第十三计　非礼勿动

解语：《易经·大壮卦》。在我们的模型中，卦象为供给在上、集中在下。《象》曰"刚以动，故壮。"按规则办事，增加正能量。《象》曰："非礼弗履。"系统架构设计不合规则的事不能做。

按语：在计算机系统架构设计中，有3项主要特性要特别强调：即适配性、稳定性和可扩展性。（1）适配性：即架构是否适合于功能性需求和非功能性需求。功能性需求的系统商业目标是决策依据，即选择能够为开发方和客户方带来最大利益的那个方案。非功能性需求必须要共同考虑所要设计的对象系统和围绕该对象系统的环境,它们之间存在着相互支持和相互制约的关系,特别要注意防止后门和漏洞的存在。

(2)稳定性:特别强调体系结构的稳定性。如果结构经常变动,那么构建在体系结构之上的界面、模块、服务方式、存储和数据结构等也要跟着经常变动,用树倒猢狲散来比喻很恰当,这将导致系统发生混乱。

(3)可扩展性:计算机系统的新概念和新技术发展非常迅速,可谓日新月异,因此系统架构要具有可扩展性。可采用新技术增量开发模式,根据那些可变的设计需求,扩展系统的功能。在系统架构设计方面,文献[1]设计实现了多核系统中每核接收队列单独处理的方式,从而增加了系统整体可扩展性。稳定性和可扩展性是对立统一的关系,两者之间需要相互平衡。因此,就有了至理名言:"稳定压倒一切""发展才是硬道理"。

参考文献

[1] Pesterev, Aleksey, Jacob Strauss, Nickolai Zeldovich, and Robert T. Morris. Improving network connection locality on multicore systems. In Proceedings of the 7th ACM european conference on Computer Systems, pp. 337-350. ACM, 2012.

第十四计　秉节持重

解语:《易经·遁卦》。在我们的模型中,卦象为集中在上、刚性在下。《象》曰"遁之时义大。"适时遁隐的意义重大,要谨慎稳重。《象》曰:"不恶而严。"不憎恨而严格划清界限,系统设计要保持底线思维。

按语: 底线思维是一种典型的后顾性思维取向,是系统设计行为中的一种重要思维方式。与战略前瞻、效益最大化、激励与反馈等注重前瞻性的思维取向不同，底线思维注重的是应对危机、风险、底线的重视和防范，适时遁隐的意义重大。在目标上侧重于防范负面因素、堵塞设计漏洞以及防止系统乱象。在系统设计中，谨慎稳重，认真计算风险，估算可能出现的最坏情况，能够提供继续前进时所必须的那份坦然，并且接受这种情况。意识到一旦处于底线的位置上，必须面对事实，唯一能做的事只有继续前进。接受出现的最差情况，意味着对各种替换方案和解决办法保持更加开放的思维，从长远看，这其实反而可能造成最好的后果。

在系统软件的设计方面，要注重风险管理。风险管理旨在通过识别、分析和处理各种风险因素，以提高项目成功的概率。软件设计中风险管理的底线和原则具体体现在风险管理的四个基本方法中，它们是检查表、分析框架、过程模型和风险应对策略[1]。

参考文献

[1] Bannerman, Paul L. Risk and risk management in software projects: A reassessment. Journal of Systems and Software 81, no. 12 (2008): 2118-2133.

第十五计　无往不复

解语：《易经·泰卦》。在我们的模型中，卦象为分散在上集中在下。《象》曰："小往大来。""上下交而其志同也。"一切应由小而大，上下相交，志向统一，体现为通泰计算。（爻·九三）曰："不平不陂，无往不复。"没有平地不变成坡地的，没有离去不复返的。体现的是否定之否定的辩证原理，讲的是关于计算模式从小向大不断发展的理念。

按语：开放计算模式的发展历程所体现的特性主要包括：小往大来、客户与运营相交和共享开放。开放计算目的是共享更高效的服务器和数据中心，其使命是为实现可扩展的计算，提供高效的服务器和数据中心等，以减少数据中心的环境影响。互联网采取云计算模式，是最为核心的变革。它改变了数据中心建设、使用的方式，让数据中心资源化、服务化，大幅度降低了社会计算成本，也让未来智能世界的实现成为了可能。同时，云数据中心上的先进技术也影响了大量的新兴行业和传统行业逐步向云数据中心迁移。所以，围绕云数据中心的各种创新顺理成章地成为了推动各行各业发展的驱动力。在此过程中，开放计算的价值将会逐渐释放。开放计算是在数据中心大型化的趋势当中的一次技术创新。然而，发展的道路是不平坦的，注定会有曲折和反复，但要始终坚持共享开放的原则。

开放计算项目（Open Compute Project，OCP）是一个在 Facebook、IBM、英特尔、诺基亚、谷歌、微软、希捷科技、戴尔、Rackspace、思科、高盛、富达、联想和阿里巴巴集团等公司之间共享数据中心产品设计的合作项目[1]，目前已经取得了一些成果。

参考文献

[1] 开放计算. https://en.wikipedia.org/wiki/ Open_ Compute_Project.

第十六计　否极泰来

解语：《易经·否卦》。在我们的模型中，卦象为集中在上、分散在下。卦辞曰："大往小来。"《象》曰"上下不交而天下无邦也。"由大而小，上下不交而隔绝，体现为封闭计算。《易经·杂卦》曰："《否》《泰》，反其类也。"否极泰来，系统的开放性最终总要实现。

按语：封闭计算是开放计算的对立面，所体现的特性与开放计算的特性也恰好相反，包括：大往小来、客户与运营不交和闭关自守。物极必反、否极泰来是辩证的规律。逆境达到极点，就会向顺境转化。这不仅揭示事物之通畅与闭塞，系属往来不穷的变化历程，而且更鼓舞面处困境的封闭计算，能明察互联网发展时势，掌握互联互通机宜，乐观奋发向上，以扭转计算模式的大局，转封闭计算为开放计算。

最近有研究论述了同时利用多个云的好处，并尝试提出了互联互通云。这种互联互通云便采用了开放的思想，可以看作是云计算的自然演变[1]。

参考文献

[1] Toosi, Adel Nadjaran, Rodrigo N. Calheiros, and Rajkumar Buyya. Interconnected cloud computing environments: Challenges, taxonomy, and survey. ACM Computing Surveys (CSUR) 47, no. 1 (2014): 7.

第十七计　循序渐进

解语：《易经·渐卦》。在我们的模型中，卦象为需求在上、刚性在下。《象》曰："止而巽，动不穷也。"渐之进也，逐渐演进，进展不穷。

按语: 渐进式发展是一种非常重要的发展模式, 它强调计算机系统自我完善和发展, 具有稳定性和渐进性。渐进式发展道路强调大胆尝试, "摸着石头过河"。行为上表现为顺势而为和"打补丁", 服务模式上表现为"尽力而为"。要正确处理增量改革与存量改革的关系, 体现为先改革增量, 然后以增量改革带动存量改革。即以创新系统外的增量部分改革为突破口, 以此促进系统内的存量部分改善。这种先增量后存量的渐进式改革具有"帕累托改进"的性质, 即一部分新增功能获得利益, 而另一部分现有功能的利益并无明显受损, 以此减小改进的阻力。在计算机系统发展中, 要正确处理改革、变革和稳定的关系。改革、变革和稳定是计算机系统发展的三个重要支点。改革是系统发展的动力, 变革是解决系统问题的关键, 稳定是改革发展的前提。渐进式发展道路并非有利无弊, 而只是利大弊小的选择。"摸着石头过河"和加强改革顶层设计是辩证统一的。"摸着石头过河"强调从发展实践中获得真知, 而当各项改革的方向、目标和路径都已明晰化, 改革不能再片面强调"摸着石头过河", 更需要在系统的理论指导下全面推进。在计算机网络的发展过程中, 尽力而为服务模式的出现是渐进式发展的一个体现。在发展的初期, 文献[1]提出的"分配容量"框架用于在网络拥塞时提供不同级别的尽力而为服务, 以此在当时的网络环境下为不同的用户有效分配带宽。SDN 的出现和发展是渐进式发展的又一个体现, 目前已有许多工作从不同方面改进了 SDN 的性能, 文献[2]针对大型 SDN 中的分布式控制，提出了一种新的控制器状态同步方案（LVS），为 SDN 实现了更好的负载均衡。

参考文献

[1] Clark, David D., and Wenjia Fang. Explicit allocation of best-effort packet delivery service. IEEE/ACM Transactions on networking 6, no. 4 (1998): 362-373.

[2] Guo, Zehua, Mu Su, Yang Xu, Zhemin Duan, Luo Wang, Shufeng Hui, and H. Jonathan Chao. Improving the performance of load balancing in software-defined networks through load variance-based synchronization. Computer Networks 68 (2014): 95-109.

第十八计　穷则思变

解语：《易经·革卦》。在我们的模型中，卦象为柔性在上、并行在下。《象》曰："汤武革命，顺乎天而应乎人。"革命性改变要顺应规律，呼应人们需求。《易传·系辞下传》曰："穷则变，变则通，通则久。"当已有计算机系统和技术的发展走到穷途末路时，就需要变革创新，才能有出路，进而可持久。

按语：变革创新式发展是一种重要发展模式，它与渐进式发展是辩证统一的。当已有计算机系统和技术的发展走到穷途末路时，或者变革前进的方向、目标和路径都已明晰化时，更需要在系统的新理论指导下进行顶层设计，引入变革创新式发展。变革创新式发展会打破现有系统格局、体系结构和服务体系等，提升发展新阶段，带来质变。而这也会带来临时阵痛，产生不利影响。但只要"顺乎天而应乎人"，变革创新就会带来希望和光明。在移动通信领域，文献[1]指出，要实现 5G 的那些具有挑战性的承诺，如可以极速、低开销、低延迟地访问大多数云化服务和内容等，将需要大量使用配备低开销传输解决方案的多路径技术，这可能会变革现有的技术方案。在此基础上，该文献中提供了一种面向5G 的具有变革意义的软件定义网络架构。

参考文献

[1] Szabó, Dávid, Felicián Németh, Balázs Sonkoly, András Gulyás, and Frank HP Fitzek. Towards the 5g revolution: A software defined network architecture exploiting network coding as a service. In ACM SIGCOMM Computer Communication Review, vol. 45, no. 4, pp. 105-106. ACM, 2015.

5.2　特性设计十八计

在刚与柔对立统一演化的特性设计十八计中，注意理解《易经》模型卦象的多种含义。

- 刚性，可映射为山、艮、止、硬等。
- 柔性，可映射为泽、兑、悦、软等。

特性设计十八计中涉及的对立统一关系分为三种情况。

- 系统层次结构相对位置关系。
  - 粗分两经卦：上与下。
  - 细分六爻层：内与外。
- 刚与柔的量与质变化特征描述。
  - 在卦中部的刚与柔：多与少（静态）。

- ■ 刚与柔增加改变：长与短（动态）。

- ■ 质的变化：决与克（抽象与虚拟）。

- 刚与柔的关系与作用特征描述：

  - ■ 设计原则：坚守与重来（静态）。

  - ■ 调整方法：损与益（动态）。

  - ■ 六爻位和爻阴阳属性之间关系：相与和相反。

特性设计十八计中所涉及计算机系统的特性（八类性质）如下：

- 可控性、可管性（刚在上，上下）。

- 安全性、可信性（刚在内，内外）。

- 可恢复性、可靠性（刚改变，刚长）。

- 可移植性（刚改变，刚过）。

- 可变性、自适应性（柔在上，上下）。

- 可扩展性、可重构性（柔在内，内外）。

- 生存性、容错性、容侵性（柔改变，柔长）。

- 效率性（柔改变，柔过）。

在刚性与柔性对立统一所涉及的三套计策中，每套计策包含六计，共十八计。在下面计策的简单表达中，采用 X（Y、Z）形式，X 为计策名，Y 为所涉及的对立统一关系，Z 为所涉及的系统特性或作用特征。

第四套是刚强柔弱，包含第十九计到第二十四计，分别是：步步为营（上下、管控）、笃行致远（内外、可信）、周而复始（刚长、可恢复）、移花接木（刚过、移植）、因势利导（决克、抽象）和守正不移（内外、坚守）。

第五套是柔强刚弱，包含第二十五计到第三十计，分别是：随机应变（上下、可变）、势在必行（内外、可扩）、委曲求全（柔长、生存）、物尽其用（柔过、效率）、以柔克刚（决克、虚拟）和何去何从（内外、重来）。

第六套是刚柔皆应，包含第三十一计到第三十六计，分别是：刚柔相济（上下、可控）、规圆矩方（上下、可管）、转危为安（损柔、动调）、与时俱进（损刚、动调）、思患预防（相与、防反）和辩物居方（相反、归与）。

第四套 刚强柔弱

第十九计 步步为营

解语：《易经·蛊卦》。在我们的模型中，卦象为刚性在上、需求在下。《象》曰："蛊元亨而天下治也。"事业顺利，而得治理。"终则有始，天行也。"结束后又开始，一步一步地推进，符合发展规律。

按语：各种需求都要有刚性要求，"刚需"就是硬性的，必须满足系统设计的可控性和可管性要求。可控性和可管性主要涉及系统和功能部件主要三方面的性质：（1）可知性，能掌握和知道它将要发生什么及相应信息；（2）可预测性，有办法测量和预估它的执行过程和结果；（3）可使用性，有办法控制、管理并调节它的执行。尤其是在内外干扰的情况下，要提高系统为用户提供服务的过程及结果可以预期的程度[1]，管理是服务生存性的必要手段。系统可控性和可管性渗透到系统的各个节点和部件以及各个层面，要保障系统的特性设计要求，就要一步一步地推进，每一步都按要求来，不能有丝毫放松，总体上才能到达要求[2]。

参考文献

[1] 王元卓,林闯,杨扬. 网格服务可管理性模型及策略研究. 计算机学报, Oct. 2008, 31(10):1716-1726.

[2] 林闯,任丰原. 可控可信可扩展的新一代互联网. 软件学报, December 2004, 15(12): 1815-1821.

第二十计　笃行致远

解语:《易经·大畜卦》。在我们的模型中，卦象为刚性在上、集中在下。《象》曰:"大畜，刚健，笃实。"性质刚健和笃实。《象》曰:"多识前言往行，以畜其德。"广泛了解前人的格言和行为，培育可信品德，可砥砺远行。

按语: 刚健笃实的系统性质就是保证系统具有可信性。可信可以定义为：系统、服务提供者和用户的行为及其结果总是可以预期与可控制的，即能够做到行为状态可监测，行为结果可评估，异常行为可控制。相比传统的系统安全概念而言，可信性的内涵更广、更深：安全是一种外在表现的断言，可信则是经过行为过程分析得到的一种可度量的属性[1-2]。具体而言，可信指标体系可以分为三个维度，这三个维度包括安全性、可信赖性和可生存性。安全性描述了在受到恶意攻击时安全指标发生的反应，主要包括完整性、机密性和可用性等；可信赖性描述了内部故障等对系统性能指标的影响，主要包括可靠性、可用性和可维护性；可生存性描述了在遭到攻击、内部故障和操作失误等影响时完成关键功能或服务的能力，主要包括容错和容侵的能力。正如美国工程院院士 David Patterson 教授所指出的："过去的研究以追求高效行为为目标，而今天计算机系统需要建立高度可信的网络服务，可信性必须成为可以衡量和验证的性能。"

参考文献

[1] 林闯，田立勤，王元卓.可信网络中用户行为可信的研究. 计算机研究与发展，December 2008, 45(12):2033-2043.

[2] 林闯，彭雪海. 可信网络研究. 计算机学报，May 2005，28(5): 751-758.

[3] Recovery Oriented Computing [OL]. http://www.stanford.edu, or http://roc.cs.berkeley.edu. 2006.12.

第二十一计 周而复始

解语：《易经·复卦》。在我们的模型中，卦象为分散在上、供给在下。《象》曰："刚反"，"反复其道"，"刚长也"。阳刚反复于内，符合规律，刚性渐长。在计算机系统出错或发生故障后，可恢复正常运行，反复其道是系统的一种重要性能。

按语：系统在正常时，主要关注它正向发展变化的特性。在系统出错或发生故障时，则要求它具备向相反方向变化的特性。可恢复性或可逆性就是这样一种特性，保障系统遭遇出错或破坏后具有重新恢复正常工作的能力。至于系统是否是可恢复的,可以简单定义为:在出现故障时,系统给定的特性(如可管性、可控性和稳定性等)是否仍然得到满足[1]。系统可恢复性一般需要三个机制和能力支撑:(1)故障诊断机制,对系统可采用实时或定期巡查,及时报告和指示故障的位置和性质;(2)自动或人工隔离局部故障机制,包括进行系统重组和降级使用,以及使系统核心部分不中断运行的紧急措施;(3)设备、软件及数据的冗余和备份自动切换机制,包括重新恢复中断的工作。为了确保可恢复性足够牢靠,可以对系统进行可恢复测试或模拟测试。可恢复测试是一种对抗性的测试过程。在测试中将把应用程序或系统置于极端条件下或是模拟的极端条件下并使之产生故障,然后调用恢复进程,并监测、检查和核实系统、应用程序和数据能否得到正确的恢复。

参考文献

[1] Staroswiecki, Marcel, Christian Commault, and Jean-Michel Dion. Fault tolerance evaluation based on the lattice of system configurations. International Journal of Adaptive Control and Signal Processing 26, no. 1 (2012): 54-72.

第二十二计 移花接木

解语:《易经·大过卦》。在我们的模型中,卦象为柔性在上、需求在下。《彖》曰:"刚过而中。"阳刚过盛而又居中位。《象》曰:"独立不惧。"不惧怕分立。(爻·九二)曰:"枯杨生稊。"枯杨长出了柔嫩的叶子。从成熟系统中培育出一些系统的构件,可移植到其他系统中,可移植性是系统(特别是计算机软件)的一种重要性能。

按语：可移植性主要来自计算机软件领域，是软件质量特性之一，良好的可移植性可以延长软件的生命周期。软件可移植性指软件从某一环境转移到另一环境下的难易程度，它包含的子特性有：适应性、易安装性、共存性和易替换性等。移植接口的改造容易与否是衡量一个软件可移植性高低的主要标志之一。可移植性并不是指所写的程序不做修改就可以在任何计算机系统上运行，而是指当条件有变化时程序无须做很多修改即可运行。为了使软件具备高度可移植性，需要使程序模块化以及界面抽象化。进一步引申到构件概念，构件是一个物理的、可替换的系统组成部分，它包装了实现特定功能的模块且提供了一组接口的实现方法。构件是面向软件体系结构的可重用软件模块，可以被重复使用并以灵活的方式构建新系统，能够能在一定程度上提高软件开发的效率，以及减少软件开发及部署时的成本，是开发出高效、低成本和可重用软件系统的重要现实途径[2]。基于构件的软件重用也是一种提高软件生产率和软件质量的有效途径[3]。

参考文献

[1] 张倩，袁玉宇，张旸旸. 系统与软件可移植性. 信息技术与标准化，2009.

[2] 高浩. 软件复用与软件构件技术探讨. 电子技术与软件工程，19 (2015): 102-102.

[3] 梅宏，陈锋，冯耀东. ABC: 基于体系结构，面向构件的软件开发方法. 软件学报，（2003）4：721-732.

第二十三计　因势利导

解语：《易经·夬卦》。在我们的模型中，卦象为柔性在上、集中在下。《象》曰："刚决柔"，"决而和"，"刚长乃终也"。敢于决断又能和睦相处，最终刚性增长。顺着事情发展的趋势，加以引导，终可成功。

按语：在刚性基础强势下，容易解决柔性界面的多样性和不一致性，简化系统层次构成，加强系统层面的标准化。这种技术在计算机系统设计中称为抽象。抽象的目标是建立系统层次良好的界面，隐藏界面背后部件实现的细节和信息[1]；减少模块之间的相互作用，简化界面背后部件的调用。可以将计算机系统的层次结构视为几个层次的抽象，每个层次的抽象应具有如下性质：

- 尽量长期保持界面不变。
- 可提供不同方法的使用或调用。
- 为高层调用提供便利的功能。
- 允许低层可有效实现。

抽象概念不仅可以进行层次结构的抽象，也可对一个复杂网络系统和大型平台系统进行抽象，加以理解和研究它们的共同特性。例如，数据中心可以抽象为一个计算机系统[2]。在抽象中，可以刚决柔，趁势取利，顺水推舟，从而达到事半功倍的效果。

参考文献

[1] 林闯. 计算机体系结构的层次设计：来自易经模型的视角[J]. 电子学报, 2017, 45(11): 2569-2574.

[2] Luiz A.B., Jimmy C. Urs H. The Datacenter as a Computer: An Introduction to the Design of Warehouse-Scale Machines, Second Edition, 2013, Synthesis Lectures on Computer Architecture.

第二十四计 守正不移

解语:《易经·中孚卦》。在我们的模型中,卦象为需求在上、柔性在下。《象》曰:"柔在内而刚得中,说而巽。"柔内刚外,心中有诚。(爻·九五)曰:"有浮挛如,无咎。"有充分的信任,没有害处。不能违背系统设计的原则要求,核心在于有诚信,守住底线。

按语:对于不同应用行业、不同的环境要求和不同的用户,乃至系统的不同平台、不同层次和不同部件等,计算机系统设计都有多种特性要求,它们之间有时还是相互矛盾的。例如,在 SDN 的研究中,部分研究者尝试实现在物理上分散但在逻辑上集中的控制平面,在研究过程中,他们不得不面临在一致性和生存性之间的侧重选择[1]。又如,文献[2]在研究软件事务内存时指出,软件事务内存始终需要在性能和能耗这两个特性之间权衡,进行合理选择。如何面对和解决这些矛盾,要有灵活性,不同的系统和应用等有不同侧重点,需要重点保障其应有特性,适当考虑其他次要特性,具有底线思维。但不管怎样,最基本的原则是要满足系统设计需求。以坐标系做类比,底线是纵轴最低值,底线以上有多个值;而原则是横轴,只有正负两个值。底线是最后的原则,应该是必须坚持的,一旦放弃了或者改变了,应该就是事物变质了。

参考文献

[1] Levin, Dan, Andreas Wundsam, Brandon Heller, Nikhil Handigol, and Anja Feldmann. "Logically centralized: state distribution trade-offs in software defined

networks." In Proceedings of the first workshop on Hot topics in software defined networks, pp. 1-6. ACM, 2012.

[2] Baldassin, Alexandro, João PL De Carvalho, Leonardo AG Garcia, and Rodolfo Azevedo. "Energy-performance tradeoffs in software transactional memory." In 2012 IEEE 24th International Symposium on Computer Architecture and High Performance Computing, pp. 147-154. IEEE, 2012.

第五套　柔强刚弱

第二十五计　随机应变

解语：《易经·随卦》。在我们的模型中，卦象为柔性在上、供给在下。《象》曰："动而说"，"天下随时，随时之义大"。天下万物随时而行，其意义重大。计算机系统也需要能够随着环境和需求的变化而随机应变，这体现为系统可变性。

按语：系统可变性可以包括三个方面：（1）行为可变性，是指系统和用户的行为在原环境条件改变之后对新环境的适应性；（2）服务可变性，是指服务提供者所提供服务质量的变化取决于被服务的客户以及服务的时间、地点和方式；（3）体系结构可变性，是指系统可以随着环境、服务需求和策略的改变而改变的自适应体系结构，也可理解为在一个更高的抽象层次上系统的可变性。为了适应系统可变性的发展，可以发展微服务，微服务有利于增加系统的可变性[1]。微服务倡导将复杂的单体应用需求拆分为若干个功能简单、松耦合的服务。这样可以降低开发难度和增强可扩展性，便于敏捷开发，也方便创建虚拟服务结构。

参考文献

[1] Chen, Lianping. Microservices: architecting for continuous delivery and DevOps. In 2018 IEEE International Conference on Software Architecture (ICSA), pp. 39-397. IEEE, 2018.

第二十六计　势在必行

解语：《易经·无妄卦》。在我们的模型中，卦象为集中在上、供给在下。《象》曰："刚自外来而为主于内。"具有动而健的特性。《象》曰："以茂对时，育万物。"顺应时机的变化，顺势而为，培育系统发展成长，体现为计算机系统的可扩展性。

按语：对于任何一个系统，尤其是具有规模性和动态性的大型分布式系统，可扩展性是评价其成本和效率的一个重要指标。可扩展性对于云联盟应用代理层的动态任务部署和状态管理都十分重要。可扩展性包含两种意义[1]，即按比例扩展和按比例收缩，前者要求系统在任务负载规模增大的同时，仍然可以集成大规模计算、存储以及网络资源，以有效完成任务需求；后者通常是在拥有有限计算资源的小型或中型企业或组织中，强调系统在有效完成任务需求前提下的成本与任务负载规模相匹配。在可扩展性的评价中也可使用处理效率概念[2]，如果一个系统能够在规模扩张时保证处理效率不变，那么就可以认为这个系统是可扩展的。

参考文献

[1] Armbrust M, Fox A, Griffith R, et al. A view of cloud computing. Communications of the ACM, 2010, 53(4):50－58.

[2] Jogalekar P, Woodside M. Evaluating the scalability of distributed systems. IEEE Transactions on parallel and distributed systems, 2000, 11(6):589–603.

第二十七计 委曲求全

解语：《易经·剥卦》。在我们的模型中，卦象为刚性在上、分散在下。《象》曰："柔变刚"，"顺而止之"。下柔要改变上刚，顺应时势而停止活动，以求保全系统的生存性。

按语：系统尤其是大型网络系统的安全性基本需要三个方面的机制来支撑：即保护、检测和容忍。利用用户鉴别和认证、存取控制、权限管理以及信息加解密等技术，实施以"保护"为目的安全。解决以病毒传播和恶意攻击软件为主要特征的安全威胁这类问题的关键是，如何发现和识别病毒的种类和攻击的类型。因此，"检测"技术称为解决这类安全问题的核心。保护和检测机制可以理解为防守技术，随系统和技术的发展，攻防矛盾双方都在不断进步，存在着攻方暂时领先的可能，即会出现防不胜防的状况。因此，仅仅进行防守是不够的，还需要容忍机制。保证系统在存在漏洞和脆弱性的情况下，并在系统发生故障和遭受攻击时仍具有能提供正常或核心服务的能力，这种能力可以称为容错性和容侵性，即生存性。

Barnes 在美国军队科研试验室（ARL）的 1993 年报告中，概述了在一组计算机进行通信时保障其可生存性所需的功能集合[1]。如何寻找和定义系统生存性关键服务所必需的资源是一个重要问题。生存性的实现需要在系统功能和系统资源之间找到一个平衡点，不同系统中的平衡点有所不同，实现的可生存性系统也就不一样。对于系统生存性所必需的资源，可采用冗余和备份等方法，使其确保功能的实现。生存性是系统可信赖性的一部分，可采用理论模型的方法进行深入研究和分析[2]。

参考文献

[1] R. J. Ellison, et al. Survivable Network Systems: An Emerging Discipline. Technical Report CMU/SEI-97-TR-013, Software Engineering Institute, Carnegie Mellon University, 1997.

[2] 林闯，王元卓，杨扬. 基于随机 Petri 网的网络可信赖性分析方法研究. 电子学报，February 2006, 34(2):322-332.

第二十八计　物尽其用

解语：《易经·颐卦》。在我们的模型中，卦象为刚性在上、供给在下。《象》曰："养正则吉"，养生正道吉利，"自求口实"。在于自食其力。《象》曰："节饮食。"节制资源供给，提高系统效率性。（爻·上九象）曰："由颐，厉，吉。"顺从养生之道，即使有点危险也吉利，是喜庆的大事。

按语：计算机系统设计的最重要原则之一就是节省系统资源，物尽其用，提高效率性。但系统的可靠性或安全性等却可能要求进行冗余或增加资源备份，而这会浪费资源。效率性与可靠性有时在计算机系统设计中是两个矛盾的方面，需要统筹考虑。在冗余设计中，为了提高资源的利用率和系统效率，仅在高风险行业应用中，在系统或设备完成任务起关键作用的地方增加一套或以上完成相同功能的功能通道、工作元件或部件，以保证当该部分出现故障时系统或设备仍能正常工作，以减少系统或者设备的故障率，提高系统可靠性。其余地方一般不增加冗余资源。例如，在 Mesos 平台中，负责管理集群资源的主节点（Mesos Master）就通过使用多个备用节点来增强系统的可靠性[1]。至于增加几套冗余资源，要充分评估冗余系统提高系统可靠性的曲线拐点，如果拐点刚好已能满足系统可靠性要求，而且拐点后可靠性提升比较缓慢且不明显，即可以拐点为参考决定冗余资源的套数。因为完全独立的系统并不存在，冗余系统最大的缺点在于，相互独立的资源配置之间会互相影响（尤其是依靠人的冗余系统），效率低下，可靠性参数也会大幅度下降。在 Hadoop 文件系统[2]中，文件以数据块的形式进行存储，每个数据块将会被复制多份（常用的复制数为 3），从而有效地兼顾了效率和可靠性。

参考文献

[1] Hindman, Benjamin, Andy Konwinski, Matei Zaharia, Ali Ghodsi, Anthony D. Joseph, Randy H. Katz, Scott Shenker, and Ion Stoica. "Mesos: A platform for fine-grained resource sharing in the data center." In NSDI, vol. 11, no. 2011, pp. 22-22. 2011.

[2] Shvachko, Konstantin, Hairong Kuang, Sanjay Radia, and Robert Chansler. "The hadoop distributed file system." In MSST, vol. 10, pp. 1-10. 2010.

第二十九计　以柔克刚

解语：《易经·履卦》。在我们的模型中，卦象为集中在上、柔性在下。《象》曰："柔履刚。"从循环关系和规律上说，下柔必冲破上刚，于是出现"柔克刚"之象，给出了计算机系统的虚拟概念和技术。《象》

曰："辩上下。"虚拟概念可用于分辨出柔性逻辑层和刚性物理层的上下关系。

按语：虚拟概念和技术可以看作是将对刚性或真实系统和部件的物理观察转化为逻辑观察的映射过程,这也是将一个刚性真实软硬件转化为多个虚拟逻辑软硬件的过程。虚拟与抽象两个概念也可以看作对立统一的两个面,一个是一对多的映射,另一个是多对一的映射。用一个经典覆盖网的例子,来进一步阐明虚拟机制和概念。

覆盖网是由节点和逻辑链路组成的虚拟网络,它覆盖在一个真实存在的网络之上,目标是实现在现有网络中无效的网络服务[1]。覆盖网虚拟机制可以使共存的异构网络体系结构脱离现有互联网的固有限制而蓬勃发展。由于允许多个异构网络体系结构在一个共享物理层基础上共存,网络虚拟可以提供灵活、差异化的设计,并能增强系统的安全性和可管理性。

参考文献

[1] Lua E K, Crowcroft J, Pias M, et al. A survey and comparison of peer-to-peer overlay network schemes[J]. Communications Surveys & Tutorials, IEEE, 2005, 7(2): 72-93.

第三十计 何去何从

解语：《易经·小过卦》。在我们的模型中,卦象为供给在上、刚性在下。《象》曰："柔得中","刚失位而不中","不宜上,宜下"。阴柔居中,阳刚丢失位置,不适宜上行,适宜下行。(爻·九四)曰："往厉,必戒。"发展下去有危险,要戒备。当系统达不到主要要求时,就要在重大问题上当机立断做出抉择,进行修正。

按语: 当系统的特性刚性小而柔性大并且柔性占中起主导作用时,就表明现有系统的特性已经不能满足系统在现实环境服务的要求,不适合再继续进行下去,发展下去要发生故障和危险。仅修修补补一些细小之处,将不能解决大问题。要与时偕行,大的方面可能清零重来。体系结构是系统的基石,服务模式或计算模式是系统的核心,这些大的方面需重新设计。对于目前的互联网而言,许多人认为,如果不重新考虑互联网当前架构的基本假设和设计决策,就不可能解决它面临未来的挑战。在这个观点下,大量的研究工作开始对互联网架构开展"clean state"式的研究设计工作[1]。

参考文献

[1] Feldmann, Anja. Internet clean-slate design: what and why?. ACM SIGCOMM Computer Communication Review 37, no. 3 (2007): 59-64.

第六套　　刚柔皆应

第三十一计　刚柔相济

解语:《易经·咸卦》。在我们的模型中,卦象为柔性在上、刚性在下。《象》曰:"《咸》,感也。柔上而刚下,二气感应以相与","天地感而万物化生"。柔性在上、刚性在下,刚强与柔和互相感应配合,表现为软件定义系统的可控性。《杂卦传》曰:"《咸》,速也。"感应之效果甚速,可控性的关键是速度。

按语：软件定义系统可以看作将整个真实系统进行阳性抽象，管控功能的柔性处理可编程。通过系统抽象化的界面接口，由应用层管控软件对系统资源进行管理和调度。调用统一标准接口对上层应用方便地提供不断发展变化的服务，便于进行控制程序设计。通过管控软件，可自动地进行硬件系统的部署、优化和管理，提供开放、灵活、智能的管控服务。通过软件定义，实现需求可定义、硬件可重组、软件可重配以及功能可重构[1]。总之，数据驱动的软件定义系统可将信息产业带入到消费者定制市场的阶段。由于管控与真实资源的分离，也会带来相互感应的速度问题，进而影响系统性能。可以考虑在一个网络系统中设置多个管控软件模块，每个模块近距离管控一类资源，可以加快管控的反馈，提高系统性能。例如，在软件定义网络（SDN）中，在控制程序层与基础设施层互相感应与协调的可控性方面采用改进加速措施后，可以进一步提高系统的性能[2]。

参考文献

[1] Mei Hong, Huang Gang, Cao Donggang, et al. Perspectives on "Software-defined" from software researchers [J]. Communications of CCCF, 2015, 11(1): 68-71.

[2] LIN Chuang, HU Jie, LI Guoliang and CUI Laizhong. A Review on the Architecture of Software Defined Network [J]. Chinese Journal of Electronics, 2018 Nov.，27(6): 1111-1117.

第三十二计　规圆矩方

解语：《易经·恒卦》。在我们的模型中，卦象为供给在上、需求在下。《象》曰："刚上而柔下"，"刚柔皆应，恒"，"天地之道，恒，久而不已也"。刚性在上、柔性在下且刚柔都相应配合，就能长久，这就是天地之间的道理，表现为计算机系统的可管性。《象》曰："立不易方。"可管性的关键是确立规则和设立标准。

按语：《吕氏春秋》曰："欲知平直，则必准绳；欲知方圆，则必规矩。" 因此，要解决问题，制定标准就是关键之一，好的标准可以帮助我们快速有效地解决管理中的各种疑难杂症。标准的本质是统一，它是对重要且重复性事物和概念的统一规定。标准的任务是规范各种事物，给出指标和答案，调整各种各样的客体。另外，标准也是一种重要的研究和工作的成果，它好比鸟之两翼，既是自主创新、跨越发展的保障，也是系统能够有效、正常和长久运行的支撑。比如，TCP/IP 协议的标准化使网络中的各类软件和应用能够和睦相处，促进了互联网的蓬勃发展[1]。标准具有战略地位，是走向国际市场的"通行证"，是竞争的制高点和话语权[2]。国际标准化组织（ISO）和国际电信联盟（ITU）等是计算机行业中著名的国际标准化组织，它们制定的国际标准在世界范围内可统一使用。标准也不是一成不变的，有些标准要随着技术、环境和需求等发展变化而不断地进行修正和变化，或者需要形成新的标准。但标准的先进性和成熟度是不变的，它一定代表着体系、理念和技术等成熟成果的先进水平。

参考文献

[1] Maher, Marcus. An Analysis of Internet Standardization. Va. JL & Tech. 3 (1998): 1.

---

[2] 宋祚锟. 全球化格局下企业技术标准战略定位探讨. 世界标准化与质量管理 8 (2004).

第三十三计　转危为安

解语：《易经·损卦》。在我们的模型中，卦象为刚性在上、柔性在下。《象》曰："损下益上，其道上行"，"损刚益柔有时"。刚性在上、柔性在下的情况下，损失柔性而增益刚性，有助于系统的性能增强。这是一个增强过程，有一定时间性，要随时而行。（爻·六四）曰："损其疾，使遄有喜，无咎。"消除系统内部的毛病，使之快速好转起来，没有害处。

按语：要增益一个系统的刚性，一般可以做好以下四项工作：（1）确立目标，适应系统发展的需求；（2）发现分析系统的脆弱点，实时进行漏洞检测和安全扫描；（3）强调动态调整，采用内涵发展模式；（4）稳定现有系统的有利特性，调整不要影响系统的规模和功能。在这个过程中，特别强调内涵发展模式[1]。内涵发展有两层意思：一层是指一个概念所反映的事物本质；另一层是指内在的阴阳特性。外延是一个概念所确定指向对象的规模范围。外延式发展强调的是数量增长、规模扩大和空间拓展，主要是适应外部发展需求而表现出的外形扩张；内涵式发展强调的是结构优化、服务质量提生和刚性增强，是一种相对的自然历史发展过程，发展更多是出自内在特性需求。内涵式发展主要通过内部的动态阴阳调整，激发损益活力，增强系统特性，提高适应性，在量变引发质变的过程中实现实质性的跨越式发展。例如，在最初推出的

Hadoop MapReduce 中，调度器的功能过于集中，影响了系统的性能和可扩展性。经过反复改进迭代，最终发展成了现在的 YARN[2]。YARN 的出现体现了计算机系统的内涵式发展。

参考文献

[1] 高文柱. 内涵式发展. Z1 (2004): 4-4.

[2] Vavilapalli, Vinod Kumar, Arun C. Murthy, Chris Douglas, Sharad Agarwal, Mahadev Konar, Robert Evans, Thomas Graves et al. "Apache hadoop yarn: Yet another resource negotiator." In Proceedings of the 4th annual Symposium on Cloud Computing, pp. 5. ACM, 2013.

第三十四计　与时俱进

解语：《易经·益卦》。在我们的模型中，卦象为需求在上、供给在下。《象》曰："损上益下"，"益动而巽，日进无疆"。刚性在上、柔性在下的情况下，损失刚性而增益柔性，有助于系统的可变性增强。动而顺理，系统必定与时俱进，不可限量。《象》曰："见善则迁，有过则改。"见到优点就学，有了缺点就改。

按语：损失系统刚性而增益柔性，主要体现为增强系统动态调整过程。这个过程要不断地实事求是，"实事"就是客观存在着的一切事物；"是"就是客观事物的内部联系，即规律性；"求"就是探索机制和方法。见善则迁，有过则改，调整系统特性；又要与时俱进，开拓创新，使调整具有时代性和创新性。准确把握与时俱进与实事求是的辩证统一关系[1]，进而认识到体现时代性、把握规律性与富于创造性之间的内在联系。动而顺理，把时代性、规律性与创造性统一起来，扎实有效地把系统动态调整推向前进，日进无疆。例如，在云计算这一领域，每天都会产生新的漏洞和威胁，相应的监测机制必须与时俱进，这样才能保障云计算的安全性[2]。

参考文献

[1] 唐建军. 论解放思想, 实事求是, 与时俱进的辩证统一. 改革与战略 6 (2003): 4-6.

[2] Bouayad, Anas, Asmae Blilat, Nour El Houda Mejhed, and Mohammed El Ghazi. "Cloud computing: security challenges." In 2012 Colloquium in Information Science and Technology, pp. 26-31. IEEE, 2012.

第三十五计　思患预防

解语：《易经·既济卦》。在我们的模型中，卦象为串行在上、并行在下。《象》曰："刚柔正而位当也。初吉，柔得中也。终止则乱，其道穷也。"刚爻和柔爻都各得其位的情况下，由于柔得下卦中位，初始吉利。犹事已终满，终将陷入绝境，穷途末路。《象》曰："思患而豫防之。"有备于无患之时，防范于未然之际。

按语：犹事已终满，谓事既成。无事，就是有事，事物总是不断循环、创新发展的。因此，在计算机系统设计中，要预测未来发展是非常困难的。任何设计都应留有发展空间，不要满打满算，系统设计要有韧性。

例如，可以比较一下计算机网络的发展历程。国际标准化组织 ISO 提出的开放系统互连模型（Open System Interconnection，OSI）是一个完整和完善的 7 层标准模型，在这一框架下进一步详细规定了每一层的功能，以实现开放系统环境中的互连性、互操作性和应用的可移植性[1]。OSI 在刚提出后，就得到了计算机网络界的欢呼，成为必须遵循的标准。但由于 OSI 没有留有足够的发展空间而且协议实现复杂，效率低下，逐步被人们淡忘。而最早发源于美国国防部的 ARPA 网的 TCP/IP（参考）模型，由于简单易行，主要侧重的是互联网通信协议核心，留有进一步发展空间[2]，现在它已经成计算机网络时代的核心，具有巨大的发展潜能。

另一方面，防范于未然应该包括两层含义：（1）预测未来可能会发生的祸患，采取预防措施。对计算机系统来说，主要为提升系统的可信性。在"笃行致远"之计中，已对相应机制进行了描述。（2）如何应对系统可能发生的变化，最好的策略是"随机应变"，相应的机制和措施也已经做了描述。

参考文献

[1] Zimmermann, Hubert. OSI reference model-the ISO model of architecture for open systems interconnection. IEEE Transactions on communications 28, no. 4 (1980): 425-432.

[2] W. Richard Stevens. TCP/IP Illustrated, Volume 3: TCP for Transactions, HTTP, NNTP, and the UNIX Domain Protocols. ISBN 0-201-63495-3.

第三十六计　辨物居方

解语：《易经·未济卦》。在我们的模型中，卦象为并行在上、串行在下。《象》曰："柔得中也"，"虽不当位，刚柔应也"。柔得上卦中位，虽然阴爻都居阳位而不当位,但在上下卦中,刚柔关系满足相应说。《象》曰:"慎辨物居方。"以审视的态度分辨系统部件和模块等,按它们的功能与阴阳特性各归其位。

按语:刚柔关系满足相应关系,但皆不当位,表示犹事未终,河水未满。需要使系统模块、部件和子系统等各归其位、各司其职、各负其责、和谐共生。各归其位是指相应的资源和模块设置在系统架构的相应位置和层次,使它们具有相应阴阳属性,可以采用"因势利导"之计中的抽象和"以柔克刚"之计中的虚拟概念和方法进行。各司其职是指相应的模块和层次功能分工明确,界面接口清晰。各负其责是指相应的模块和层次一般进行自我管理并接受上层调用和管理。和谐共生是指整个系统没有相互干扰,并且相互协调,可以发挥出最大潜能。

例如,云计算是一种网络计算模式,能够通过网络以便利、按需付费的方式获取计算资源(包括网络、服务器、存储、应用和服务等),提高其可用性,并能够以最有效和无干扰的模式获取和释放资源[1]。云计算服务层包含了软件即服务(Software as a Service,SaaS)、平台即服务(Platform as a Service,PaaS)和基础设施即服务(Infrastructure as a Service,IaaS)三层子结构[2]。SaaS 集中设置、管理和运行应用软件,提供了客户与应用同服务实体之间的通信。PaaS 和 IaaS 表现为虚拟平台层和虚拟基础设施层,PaaS 层使用云基础设施提供了计算平台,包括所有客户开发的典型应用;IaaS 层提供了作为服务的基础设施虚拟环境。这三层各归其位，和谐共生。云计算保持了它的通达性和通透性，能更好地使用分布的资源，以期获得更高的吞吐量和求解大规模计算问题。

参考文献

[1] Armbrust M, Fox A, Griffith R, et al. A view of cloud computing [J]. Communications of the ACM, 2010, 53(4): 50-58.

[2] Jadeja Y, Modi K. Cloud computing-concepts, architecture and challenges[C]// Computing, Electronics and Electrical Technologies (ICCEET), 2012 International Conference on. IEEE, 2012: 877-880.

6 算法三十六计

6.1 资源管理十八计

在供给与需求对立统一演化的资源管理十八计中,注意理解《易经》模型卦象的多种含义:

- 供给,可映射为震、雷、动、进等。
- 需求,可映射为巽、木、入、风等。

资源管理十八计中主要涉及的六种对立统一关系是:竞争与分配、需求与供给、动态与静态、公平与偏向、优先与滞后以及平稳与波动。

供给与需求的相互关系可以映射成资源供给与需求竞争管理的算法策略。供给与需求之间具有三种状况:供强需弱、需强供弱和供需平衡。因此,共涉及三套计策,每套计策包含六计,共十八计。

在下面计策的简单表达中,采用 X(Y)形式,X 为计策名,Y 为所涉及的对立统一关系。

第一套是供强需弱,包含第一计到第六计,分别是:自食其力(分配)、物竞天择(竞争)、见几而作(动态)、裒多益寡(公平)、分门别类(优化)和截长补短(平衡)。

第二套是需强供弱,包含第七计到第十二计,分别是:突破瓶颈(分配)、乱极必治(竞争)、损下益上(动态)、进退可度(公平)、柔性控制（优化）和井养不穷（平稳）。

第三套是供需平衡，包含第十三计到第十八计，分别是：永锡不匮（供给）、居安思危（需求）、迁善改过（动态）、威明相济（公正）、拾级而上（优先）和经久不衰（平稳）。

第一套　供强需弱

第一计　自食其力

解语：《易经·颐卦》。在我们的模型中，卦象为刚性在上、供给在下。《象》曰："自求口实，观其自养也。"依靠本身的能力而运行，使用独自分配的资源。在供给强而需求弱的情况下，这是一种最根本的养生之道。不依赖外援，自力更生，也是计算机系统资源分配的一种简单直接的分配算法策略。

按语：按照任务或客户的基本需求静态地分配所需资源，算法简单，易实现。当然静态分配的依据可以是在长期客户需求大数据的统计分析基础上得出来的，这也就是一个体现"观其自养"的一个过程。在系统和客户行为不断变化的情况下，静态分配方案一般不如动态分配方案性能效率高。但在动态分配方案中，如何设定客户的动态资源需求行为的随机分布规律，是需要进一步确定的具有挑战性的问题。在目前计算机系统中，一般假定客户行为满足指数的泊松分布，或者满足自相似分布。例如，动态部分缓存共享（Dynamic Partial Buffer Sharing, DPBS）算法[1]，在这个算法中表示客户需求的动态缓存阈值变化是满足自相似分布的,即客户行为具有惯性,也就是假定客户下一步的行为类似于上一步的行为。

参考文献

[1] Lin C, Luo W, Yan B, and Chanson S T. A Dynamic Partial Buffer Sharing Scheme for Packet Loss Control in Congested Networks. In: Proceedings of International Conference on Communication Technology, 16th IFIP World Computer Congress (WCC2000), IEEE Press, Publishing House of Electronics Industry, 21-25 August, 2000, Beijing, China, pp. 1286-1293.

第二计　物竞天择

解语:《易经·无妄卦》。在我们的模型中,卦象为集中在上、供给在下。《象》曰:"以茂对时,育万物。"对时育物,顺应规律,集中资源,让客户进行竞争。资源可充分利用,万物萌发。(爻·九五)曰:"无妄之疾,勿药有喜。"物无妄然,必有其理,充允竞争有喜。

按语:不管客户需求资源数量有什么不同,集中资源竞争供给一般总可以提高资源利用率和客户的满足率。有三种资源供给的模式:完全分配、完全竞争以及部分分配和部分竞争。完全分配和完全竞争是第三种模式即部分分配和部分竞争的特例。客户之间的资源竞争与分配可以遵循不同的模式,不同的模式会产生不同的算法策略,而不同的算法策略可能对四种系统性能参数产生不同的影响:即客户的公平性、请求的拒绝率、资源的利用率和算法的复杂性。在文献[1]的专著中的资源管理策略章节,对三种资源供给的模式和策略做了较为详尽的描述和评价。

参考文献

[1] 林闯，单志广，任丰原. 计算机网络的服务质量(QoS). 北京：清华大学出版社，
2004.

第三计　見几而作

解语：《易经·随卦》。在我们的模型中，卦象为柔性在上、供给在下。《象》曰："动而说，随。"随着柔性而动，柔性供给资源。可以按照系统的资源和客户的柔性变化，来设计动态资源供给策略。

按语：在分布计算机系统中，计算资源负载在动态变化，可采用各类基于采样的方法探测计算资源的负载状态；客户的需求行为也在动态变化，可采用队列长度或异常记录等方法掌握客户行为。要抓住有利时机及时采取行动，发现一点苗头就立刻采取措施。资源供给动态算法的资源利用率比较高，但算法的复杂度以及带来的负载也比较高，资源利用率和算法的复杂度二者之间需要相应平衡。例如，基于采样的 Sparrow 调度方法会根据到达作业的具体信息随机探测集群中的部分计算资源，然后根据计算资源的反馈做出最后的调度决定，将作业中的任务分配给合适的计算资源[1]。又如基于采样的 Batch Filling 调度方法，它同样为每个作业随机探测计算资源的负载情况，并将作业中的任务以注水的方式分配给任务队列较短的计算资源[2]。上述两种调度方法都可以达到较高的资源利用率，但它们的通信开销也比较大。

参考文献

[1] Ousterhout Kay, Patrick Wendell, Matei Zaharia, and Ion Stoica. Sparrow:

distributed, low latency scheduling. In Proceedings of the Twenty-Fourth ACM Symposium on Operating Systems Principles, pp. 69-84. ACM, 2013.

[2] Ying, Lei, R. Srikant, and Xiaohan Kang. The power of slightly more than one sample in randomized load balancing. In Proceedings of 2015 IEEE Conference on Computer Communications, pp. 1131-1139. IEEE, 2015.

第四计 哀多益寡

解语:《易经·谦卦》。在我们的模型中,卦象为分散在上、刚性在下。《象》曰:"哀多益寡。"减少有多余的一方,补充给缺少的一方,使资源分配更趋合理,客户资源供给更趋公平。在供给强而需求弱的情况下,更要防止客户对资源的"垄断"行为。

按语:资源管理的公平性并不是简单地体现在按客户数完全平均分配资源,而是根据客户实际的需求而按一定的比例进行资源分配。公平分配策略原则可以包括:(1)要尽可能满足最低占用资源或最低服务质量 QoS 性能的客户的资源需求;(2)不给最高资源占用或最高 QoS 性能需求满足的客户分配资源;(3)尽可能调度出高资源占用或高 QoS 性能满足者已经占用但还没有使用的资源。当然客户的需求还要考虑客户的随机状态,需要动态考量客户的需求。例如,加权的公平共享策略可以根据客户的重要性和资源的需求情况,通过不同的权重实现分配的标准化,从而合理且公平地为每个客户分配所需的计算资源[1]。

参考文献

[1] Demers, Alan, Srinivasan Keshav, and Scott Shenker. Analysis and simulation of a fair queueing algorithm. In ACM SIGCOMM Computer Communication Review, vol. 19, no. 4, pp. 1-12. ACM, 1989.

第五计　分门别类

解语:《易经·同人卦》。在我们的模型中,卦象为集中在上、并行在下。(爻·初九)曰:"同人于门,无咎。"客户分门别类聚集,无害。对各类客户进行差异化管理体现在资源供给上,可以给不同类型的客户提供不同的处理策略和优先级。

按语: 分类可以简化客户的管理,抽象出客户类型的特性,并有针对性地提供相应资源和更好的服务。可从客户要求处理信息的类型及其数据结构和服务类型等方面,抽象出客户类型。计算机系统中的信息一般可以分成三类:数据、音频和视频信息。在处理和传输中,数据信息要求准确,能够容忍一定的延时;音频和视频信息则要求实时性强,可以有一定的容错性。传输中数据信息对带宽要求最低,音频信息次之,视频信息则要求最高。从数据结构来说,可以分成结构化数据、半结构化数据和非结构化数据。它们的表述有所不同,服务处理的难度也不同。服务类型可以分为确保型和区分型,也可分为不同优先级。例如,在谷歌公司的内部系统 Borg 中[1],服务主要分为两类:长期运行服务和批量处理服务。长期运行服务主要负责处理时延较为敏感的请求,这些请求来自于 Gmail、Google Docs 和 Web 搜索等;批量处理服务负责大批量的数据处理,对系统性能波动和时延都不太敏感。根据这样的分类,Borg 系统给予长期运行服务更高的优先级,以此确保它们的服务质量;而对于批量处理服务,系统则更关注如何将它们进行有效调度来实现更高的资源利用率。

参考文献

[1] Verma, Abhishek, Luis Pedrosa, Madhukar Korupolu, David Oppenheimer, Eric Tune, and John Wilkes. Large-scale cluster management at Google with Borg. In Proceedings of the Tenth European Conference on Computer Systems, pp. 18. ACM, 2015.

第六计　截长补短

解语：《易经·震卦》。在我们的模型中，卦象为供给相叠。《象》曰："恐惧修省。"心存畏惧，反省修身。（爻·初九）曰："恐致福也。"恐惧反省会得福。进行供给侧改革，截长补短，有利于系统发展。

按语：改革要侧重系统进一步的发展需要，增强发展的潜在动力。系统整体能力提升的效果具有木桶效应，木桶盛水量不取决于系统的最长木板的高度，而取决于最短木板的高度。要截取多余的供给部分，减少无用供给；补充短缺的供给部分，增加需求旺盛的供给。特别强调，需要具有对未来发展需求的预判性和前瞻性。例如，在基础设施即服务（Iaas）层，许多虚拟机共存于同一台物理机上，它们可以采用不同的安全保护机制。文献[1]根据木桶效应指出，这样的情况可能造成具有更高安全性要求的虚拟机的安全性下降至最低安全级别。为了解决这个问题，它提出了一种基于安全级别的可信云，能够将具有不同安全要求的虚拟机与整个云环境分离，从而满足不同客户的安全需求。

参考文献

[1] Chen, Ying, Qingni Shen, Pengfei Sun, Yangwei Li, Zhong Chen, and Sihan Qing. Reliable migration module in trusted cloud based on security level-design and implementation. In 2012 IEEE 26th International Parallel and Distributed Processing Symposium Workshops & PhD Forum, pp. 2230-2236. IEEE, 2012.

第二套　需强供弱

第七计　突破瓶颈

解语:《易经·大过卦》。在我们的模型中,卦象为柔性在上、需求在下。《象》曰:"栋桡,本末弱也。"栋梁压弯了,本末两头弱。(爻·九三)曰:"栋桡之凶。"栋梁弯曲有危险。(爻·九四)曰:"栋隆之吉,不桡乎下也。"栋梁隆起吉利,不弯曲向下。寻找弯曲点(瓶颈)增强供给,突破瓶颈,使系统性能隆起。

按语:在需求强供给弱的情况下,由于不能用增加大量供给来改善系统的服务性能,"好钢要用在刀刃上",故而需要寻找系统的性能瓶颈,在瓶颈处增加资源有效供给,可以做到多快好省。但要注意突破瓶颈是一个反复的过程,已改善的系统还会出现新的瓶颈,下一次的系统性能改善也可能要进行突破瓶颈的过程。寻找系统的性能瓶颈是一个需要深入研究的科学问题,一般要研究系统中信息流动的结构和回路,瓶颈往往会出现在流回路的交叉点。随着客户的需求不断增长,应用程序的性能需要不断地优化和提高。这种反复发现和突破性能瓶颈的过程是系统开发和优化的常用方法[1]。

参考文献

[1] Shen, Du, Qi Luo, Denys Poshyvanyk, and Mark Grechanik. Automating performance bottleneck detection using search-based application profiling. In Proceedings of the 2015 International Symposium on Software Testing and Analysis, pp. 270-281. ACM, 2015.

第八计　乱极必治

解语：《易经·蛊卦》。在我们的模型中，卦象为刚性在上、需求在下。《象》曰："终则有始，天行也。"资源使用完成后，才能开始新的使用。使用资源与客户需求之间要进行同步与互斥管理，否则积弊而致蛊，会造成管理混乱。

按语：在计算机系统中，通常不允许抢断式竞争资源，即在资源正在被其他客户使用时，即使具有优先权的客户一般也不要强行占用资源，而打断其他客户的使用。这种抢断式竞争可能造成客户进程之间的时序关系混乱，尤其在共享资源是存取数据时，将可能造成数据的不一致性。PV 操作是资源与客户间需要同步与互斥管理的著名机制[1]，在客户申请资源前要进行 P 操作，使得与资源和其他客户的可能申请实现同步，在使用资源后进行 V 操作释放资源。在同步节点，可以设计客户间资源竞争的分配方案，包括各种动态和静态的优先策略和公平策略等。

参考文献

[1] Semaphore.https://en.wikipedia.org/wiki/Semapho_(programming).

第九计　损下益上

解语：《易经·损卦》。在我们的模型中，卦象为刚性在上、柔性在下。《象》曰："损刚益柔有时。"资源供给不足时，要有损有益。（爻·上九）曰："弗损益之，无咎。"不减损有增益，没坏处。随时动态分配资源，可以增加资源利用率，以及增益系统性能。

按语：在客户对资源需求强而供给弱的情况下，导致不能全部满足客户的需求时，就要相应地做出取舍。算法设计上可优先保障重点、付费高、紧急、牵扯全局等的客户需求，而拒绝或暂缓其他客户的需求。这些损下益上策略有时间性，采用随时动态分配资源的方案，可以增加资源利用率和客户之间的公平性。例如，为了防止 Web 服务器进入过载状态，文献[1]提出了基于优先级的准入控制方案。该方案会根据客户请求的重要性给予它们不同的优先级，并在服务器负载较高时选择接收或拒绝新到达的请求。具体而言，在客户的低优先级请求到达后，如果服务器中存在高优先级的请求并且没有足够的容量来服务该低优先级的请求，那么该方案将拒绝这个低优先级的请求。

参考文献

[1] Nafea, Ibtehal, Muhammad Younas, Robert Holton, and Irfan Awan. A priority-based admission control scheme for commercial web servers. International Journal of Parallel Programming 42, no. 5 (2014): 776-797.

第十计　进退可度

解语：《易经·巽卦》。在我们的模型中，卦象为需求相叠。《象》

曰："重巽以申命。"需求为本。（爻·初六）曰："进退，志疑也。利武人之贞，志治也。"进退行为均要合使命。满足需求为系统设计之己任，不放弃，不后退，勇于前进。

按语：对于客户的服务需求，切忌自作主张，轻易放弃或拒绝。要以需求为本，尽量满足，如果暂时无法满足，也不要轻易丢弃或拒绝需求，可设置缓存队列将这些需求遵循一定的策略进行排队，以等待资源的空闲机会[1]。例如，文献[2]认为，当集群的负载较高时，调度器将很难找到足够数量的高质量资源来满足客户的计算需求。因此，它会实施适当的准入控制，将过多的作业进行排队，在保证较短排队时间的前提下暂缓响应这些客户的计算需求，以期获得足够数量的高质量资源。

另外，需求的设置要面向现实和面向未来。面向现实是指要重视现有资源供给的限制，尽量不设置额外需求。面向未来是指要考虑系统的未来发展的需求，使现有的资源供给成为未来发展需求的支撑，或可扩展为提供未来需求的部分资源。

参考文献

[1] Li B, Lin C and Chanson S T. Analysis of a hybrid cutoff priority scheme for multiple classes of traffic in multimedia wireless networks. ACM Journal of Wireless Networks, August 1998, 4(4): 279-290.

[2] Delimitrou, Christina, Daniel Sanchez, and Christos Kozyrakis. Tarcil: reconciling scheduling speed and quality in large shared clusters. In Proceedings of the Sixth ACM Symposium on Cloud Computing, pp. 97-110. ACM, 2015.

第十一计　柔性控制

解语：《易经·姤卦》。在我们的模型中，卦象为集中在上、需求在下。《象》曰："天地相遇，品物咸章也。"阴阳遇合，万物都繁荣成长。（爻·初六）曰："系于金柅，柔道牵也。"阴柔之道掌控了金属制动器。柔性控制从本质上说是一种对"稳定和变化"进行资源管理的方略。

按语：集中需求进行管理，目标是尽量满足全部客户需求，使客户需求的拒绝率较低。但在需求强供给弱的情况下，对资源进行柔性控制，将满足客户需求的100%硬要求进行软化，仅满足客户需求的X%（X<100）。X的取值可以有不同的策略：所有客户的X相对一致的公平策略、客户的X相对区分的优先策略以及客户的X随时变化的动态策略等。柔性控制策略既要保持服务的稳定性，又要具有服务的灵活性和变化性。例如，在用户服务质量（QoS）控制中，服务指标可以是刚性的，也可以是柔性的，即可表达为一个概率范围[1]。

参考文献

[1] Yuming Jiang, Yong Liu. Stochastic Network Calculus, Springer, April 2008, ISBN: 978-1-84800-126-8.

第十二计　井养不穷

解语：《易经·井卦》。在我们的模型中，卦象为串行在上、需求在下。《象》曰："井养而不穷也。"井水养人，水源不尽。（爻·六四）曰：

"井甃,无咎,修井也。"井壁砌好,是修井,没有害处。井水似资源,在广泛的意义上,计算机系统资源可无限反复使用。资源串行供给似砌井壁,可以平稳致远。

按语:在计算机系统中计算、存储、数据、软件和过程等资源可以反复使用,而资源本身无失无得。尤其是数据和软件程序等软资源,可以在一定范围内无限复制、分发和使用。特别要指出,处理机、存储器和过程等资源的虚拟化机制更是增强了系统的并行性、利用率、容错性和可扩展性等优势。例如,文献[1]描述了云计算中虚拟数据中心的服务调度和资源分配研究中的工作,它表现出了计算资源虚拟化的优势。

参考文献

[1] Xiangzhen Kong, Jiwei Huang, Chuang Lin, Peter Ungsunan. Performance, Fault-tolerance and Scalability Analysis of Virtual Infrastructure Management System. IEEE International Symposium on Parallel and Distributed Processing with Applications (ISPA 2009),   Auguest, 2009.

第三套　供需平衡

第十三计　永锡不匮

解语:《易经·复卦》。在我们的模型中,卦象为分散在上、供给在下。《象》曰:"动而以顺行","反复其道","天行也"。网络供给顺行,循环运动符合规律。(爻·六三)曰:"频复,厉无咎。"多次反复无害。在网络范围内复用资源供给,使得局部节点拥有的资源如同整个网络一样,从而增加了客户需求的匹配度和资源利用率以及整体系统的功能和效率。

按语：网络是提升资源复用的平台，资源复用是提升资源共享和利用率的有效机制，一个网络就如同一个超大型计算机系统一样。互联网就是世界范围的超大型计算机系统，可以在世界范围内为客户提供计算资源。迈特卡尔夫提出的联网定律是[1]：未联网设备增加 N 倍，效率增加 N 倍。联网设备增加 N 倍，效率增加 N^2 倍。"互联网+"是网络供给思维的进一步升华和伟大实践成果，可以促进世界进入互联网时代，提高经济发展。例如，5G 网络支持更为灵活的资源调度和复用，一方面可以满足多样化的用户需求，另一方面可以提高服务速率和资源的利用率[2]。在 5G 的诸多复用技术中，NOMA（Non-orthogonal Multiple Access）是一类比较主流的复用技术，为经典的时间/频率/代码域的多路复用开辟了一个新的维度。NOMA 的核心思想是通过功率域和（或）代码域的多路复用在同一资源块中实现更多用户的支持，从而充分利用有限的频谱资源。因此，即使在接收器上引入额外的干扰和附加的复杂性，5G 网络的容量也可以得到显著提高。

参考文献

[1] Shapiro Carl, and Hal R. Varian. Information rules: a strategic guide to the network economy. Harvard Business Press, 1998.

[2] Cai, Yunlong, Zhijin Qin, Fangyu Cui, Geoffrey Ye Li, and Julie A. McCann. Modulation and multiple access for 5G networks. IEEE Communications Surveys & Tutorials 20, no. 1 (2018): 629-646.

第十四计 居安思危

解语:《易经·家人卦》。在我们的模型中,卦象为需求在上、并行在下。《象》曰:"言有物而行有恒。"言之有物,行为持之以恒。(爻·初九)曰:"闲有家,志未变也。"治家要防范意外,防患于未然。在系统平安、稳定的时候,要预防可能会出现的错误和危险。

按语:在系统的供需平稳时,要注意探测供给与需求链上可能存在各种漏洞和陷阱,尤其是网络中存在种种不安全因素和攻击行为。例如,DoS 攻击会大量发送正常的服务需求,消耗系统的有限资源和带宽。可以建立 DoS 攻击模型,分析和发现这类攻击,并为预防机制提供指引[1]。至于如何处理这种错误和不安全的问题,可以采用多种预防机制,例如防火墙和加密等安全控制机制[2]。在防不胜防的情况下,也可采用系统的容错性和生存性设计,使系统在面临各种安全威胁的情况下仍可提供正常的服务能力[3]。

参考文献

[1] Yang Wang, Chuang Lin, Quanlin Li, Yuguang Fang. A Queueing Analysis for the Denial of Service (DoS) Attacks in Computer Networks. Journal of Computer Networks, Vol.51(12), pp.3564-3573, Aug. 2007.
[2] 林闯,蒋屹新,尹浩. 网络安全控制机制. 北京:清华大学出版社,2008.
[3] 林闯,王元卓,汪洋. 基于随机博弈模型的网络安全分析与评价. 北京:清华大学出版社,2011.

第十五计 迁善改过

解语:《易经·益卦》。在我们的模型中,卦象为需求在上、供给在下。《象》曰："见善则迁，有过则改。"学习好的方面，改正错的方面。《象》曰："益动而巽，日进无疆。"系统与时俱进，不可限量。（爻·初九）曰："利用为大作。"有利于大工程建设。通过不断的研究、改进和建设，才能做到按需供给，这是系统设计原则的最佳体现之一。

按语： 在供需平衡的情况下，如何能够做到按需供给，最主要是适应客户的需求。要通过不断的探测和纠错过程，才能增加系统服务的刚性。供需平衡和相互匹配只是暂时的，供需不平衡、不匹配才是长期的现象，因此需要与时俱进，不断改进，才能做到动态趋于相互平衡和匹配。客户的需求有随时变化性，设计适配动态分配资源的策略才能提升服务质量。在网络化时代，处理的网络需求流量有很大的突发性，在某些时点，要求服务的需求流量可能远超正常的需求流量，这对数据中心服务能力的设计提出了挑战性难题。例如，在网络电商平台按需供给的服务中，文献[1]提出了针对突发工作负载的云存储系统 BurstORAM。面对实际应用场景的工作负载，BurstORAM 可以通过降低在线带宽开销和积极地对工作负载进行重新调度，在出现突发工作负载的情况下有效地达到切合实际的响应时间和较低的带宽占用。

参考文献

[1] Dautrich, Jonathan, Emil Stefanov, and Elaine Shi. Burst {ORAM}: Minimizing {ORAM} Response Times for Bursty Access Patterns. In 23rd USENIX Security Symposium, pp. 749-764. 2014.

第十六计　威明相济

解语：《易经·噬嗑卦》。在我们的模型中，卦象为并行在上、供给在下。《象》曰："动而明"，"雷电合而章"。在多方并行资源供给时，要效法雷电的光明与威猛，要明确和严谨，确保资源稳定满足需求供给。《象》曰："明罚敕法。"对供给方的行为要赏罚严明。

按语：在网络各节点的服务合作中，可以设置一种赏罚机制，对于勇于奉献资源并给以服务的节点，给予奖赏。由接受资源和服务的节点对受奖赏的节点开放服务和提供资源。得到奖赏越多的节点得到的回报就越多，有更多节点愿意为它们提供更多服务和资源；没有得到奖赏的节点就会受罚，得不到其他节点的应有服务和资源。例如，在内容分发网络 CDN 中引进赏罚机制，提高 P2P 协议 BitTorrent 的实施效率，可以实现最优的分发效率和最小的分发代价[1]。另外，在网络并行供给中，多方供给有执行时间和秩序要求，否则会造成混乱。秩序注重精准性，成败在于细节。

参考文献

[1] Zhijia Chen, Chuang Lin, Yang Chen, Vaibhav NIVARGI, Pei CAO. An Analytical and Experimental Study of Super-seeding in BitTorrent-like P2P networks. IEICE Transaction on Communication, Special Issue on Peer to Peer Networking Technology, Dec. 2008, Issue: 12, Pages: 3842-3850.

第十七计　拾级而上

解语：《易经·升卦》。在我们的模型中，卦象为分散在上、需求在下。《象》曰："顺德，积小以高大。"需求需要培育，不断提升。（爻·六五）曰："升阶，大得志也。"遵循一步一个台阶的发展模式，大志得以实现。

按语：台阶论是一种发展模式，它比演进式和渐进式发展更具有前瞻性和震撼力，可展现更大的发展方向。对计算机系统的需求培育具有引导作用，使客户需求发展可及时对标对表，有促进和启发作用，可以形成标准的制定。台阶（或"代"）之间的标准应该有很大的不同，不但要体现出技术指标数量上的巨大（数量级）差异，更要体现出核心关键技术根本性的突破。例如，在无线通信和网络发展中从 1G 到 5G 的技术标准的制定，以及资源复用等技术和算法的按代跟随和提升[1]。

参考文献

[1] Vora, Lopa J. Evolution of mobile generation technology: 1G to 5G and review of upcoming wireless technology 5G. International Journal of Modern Trend sin Engineering and Research (2015).

第十八计　经久不衰

解语：《易经·恒卦》。在我们的模型中，卦象为供给在上、需求在下。《象》曰："天地之道，恒久而不已。"刚柔皆应，事物恒久。（爻·初六）曰："浚恒之凶，始求深也。"深掘不止凶险，是因为初始就要求深刻。按供设需，可以做到供需相与。

按语：任何需求的挖掘都是一个过程，需求初始不能要求过高，要按可供的资源设置需求，意味着要拒绝暂时不能满足的需求。供需相济是一个逐步深化的经久过程，初始按供设需，通过供需的不断融合相配，后来才能做到按需供给。这样的过程还会持续不断，供给和需求都会动态变化，相异相合恒久不已。例如，在工作负载和作业异构的情况下，文献[1]提出了一种在虚拟数据中心中实现最佳资源分配和能耗管理的算法。该算法可以利用系统中可用的排队信息来做出在线控制决策。具体而言，文献作者使用李雅普诺夫优化技术设计了在线准入控制、路由和资源分配算法，在兼顾系统吞吐量和能耗的前提下实现了虚拟数据中心中的资源动态分配。

参考文献

[1] Urgaonkar, Rahul, Ulas C. Kozat, Ken Igarashi, and Michael J. Neely. Dynamic resource allocation and power management in virtualized data centers. In 2010 IEEE Network Operations and Management Symposium-NOMS 2010, pp. 479-486. IEEE, 2010.

6.2　任务调度十八计

一般来说，串并转换可以有 4 种模式：串行到串行、串行到并行、并行到串行和并行到并行。这 4 种模式可以简单地表达为：1 到 1（或 1>1）、1 到 N（或 1>N）、M 到 1（或 M>1）和 M 到 N（或 M<> N）。1>1 并没有实质的转换，没有使用调度策略，而且 1>1 是 1>N 的特例，可以把 1>N 的调度策略设计看作包含了 1>1 的情况。因此，在下面的策略设计中就不单列 1>1 的策略。

串并转换可以映射成排队模型中的任务队列的连接,连接过程就要产生调度算法,分为三种状况(见下面)。因此,共涉及三套计策,每套计策包含六计,共十八计。

- 1>N,描述为一个任务到达队列将任务调度分送到多个服务器的等待队列,即可以看作是串行向并行转换,见图6.1。

- M>1,是1>N的相反状况,描述为将多个任务到达队列中的任务调度到一个服务器等待队列,即可以看作是并行向串行转换,见图6.2。

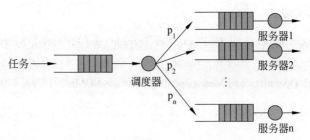

图 6.1　1>N 转换模式(p 为转换概率)

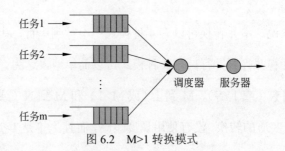

图 6.2　M>1 转换模式

- M<>N,描述为并行与并行转换中的任务调度,也可以看作是M>1 和 1>N 的联合模式,它不仅是上述两种模式的简单联合叠加，更是结构上的队列与服务结合的泛在模式，见图 6.3。它在模式上有所创新，算法设计上也有难度。

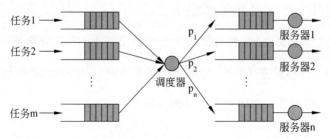

图 6.3　M<>N 转换模式（网络系统中可以有 m 个调度器）

在串行与并行转换中对立统一演化的任务调度十八计中，注意理解《易经》模型卦象的多种含义：

- 串行，可映射为水、坎、陷、险等。
- 并行，可映射为火、离、附、丽等。

任务调度算法中主要阴阳变理推演涉及三个方面的对立统一关系：

- 算法架构：分与合。
- 算法策略：不确定与确定、公平与偏执、异与同、动与静。
- 算法表达：简与繁、晦与明。

在下面计策的简单表达中，采用 X（Y）形式，X 为计策名，Y 为所涉及的对立统一关系。

第四套是 1>N，包含第十九计到第二十四计，分别是：劈山筑路（分）、分进合击（合）、穷神知化（不确定）、称物平施（公平）、类族辨物（异同）和知错就改（动态）。

第五套是 M>1，包含第二十五计到第三十计，分别是：水滴石穿（分）、伺机而动（合）、各得其所（不确定）、满而不溢（公平）、以同而异（异同）和顺时而动（动态）。

第六套是 M<>N，包含第三十一计到第三十六计，分别是：各自为政（分）、行不逾方（合）、适可而止（不确定）、革故鼎新（动态）、以简驭繁（简与繁）和用晦而明（晦与明）。

第四套 1>N

第十九计 劈山筑路

解语：《易经·蹇卦》。在我们的模型中，卦象为串行在上、刚性在下。《象》曰："蹇，难也，险在前也。见险而能止，知矣哉。"山阻挡了水的流动，这就是困难和危险。多目标优化等困难问题是不可直接、简单求解的问题，需要停下来反复思考问题困难的根源。可采用分割求解方法，降低困难的程度。

按语：全局考量与分而治之是解决多目标优化问题的一种有效思路。其思维模式是按照问题本质区分多个优化目标，并按照优先级或一定顺序分别优化单个目标，直至得到满足要求的优化解。在建模方式上衍生了优选划分和目标分割等多目标优化建模方法[1]；在求解方法上，该思维方式衍生了空间分割和层次划分等多目标优化求解方法[2]。

参考文献

[1] Chuang Lin, Jiwei Huang, Ying Chen and Laizhong Cui. Thinking and

Methodology of Multi-Objective Optimization. International Journal of Machine Learning and Cybernetics, Springer (2018) 9:2117-2127.

[2] Chen Ying, Huang J, Lin C, Hu J. A Partial Selection Methodology for Efficient QoS-Aware Service Composition. IEEE Transactions on Services Computing, 2015.

第二十计 分进合击

解语：《易经·比卦》。在我们的模型中，卦象为串行在上、分散在下。（爻·六四）曰："外比之，贞吉。"外邻亲近，吉利。在串行任务分解为并行子任务的执行过程中，要注意彼此相邻的子任务之间的关系，并保持原任务目标的整体性。

按语：局部优化与全局中庸是多任务执行中最常见的解决思路之一，其思想是同时考虑多个任务目标，并将综合考虑确立一个全局可行的中庸优化目标。在该方法中，将同时考虑和优化所有的任务目标，分别求得单任务优化问题的最优解。虽然单任务目标最优解仅为原任务多目标优化问题的一个局部最优解，但由于建立原任务目标时全局考量了所有原始优化目标，因而该最优解往往是所需要的合成中庸解[1]的一部分。例如，线性整合优化就是最为常见的多目标优化方法之一[2]。

参考文献

[1] Huang J, Lin C. Improving energy efficiency in Web services: An agent-based approach for service selection and dynamic speed scaling. International Journal of Web Services Research (JWSR), vol. 10, no. 1, pp. 29-52, Jan.-Mar. 2013.

[2] 林闯, 陈莹, 黄霁崴. 服务计算中服务质量的多目标优化模型与求解研究. 计算机学报, 第38卷, 第10期: 1907-1923, 2015年10月.

第二十一计 穷神知化

解语：《易经·既济卦》。在我们的模型中，卦象为串行在上、并行在下。（爻·初九）曰："曳其轮，义无咎也。"进行调度，道理上没有害处。如图 6.3 所示，调度器控制任务前行的方向，在数学模型上相当于在不同方向上给予不同队列输入概率 p。

按语：不同 p 值的确定方法意味着不同的算法。《易传·系辞·传下》曰："穷神知化，德之盛也。""穷神"就是指通过人工智能深度学习和模拟比较，才能穷究事物之神妙。"知化"就是指了解和掌控事物之变化规律，可制定各种概率方案。例如，在假定每个队列的服务能力相同的情况下，可给每个队列相同的输入概率；在每个队列的服务能力不同的情况下，可以给服务能力大的队列较大的输入概率。也可按照服务队列的状态，动态地分配输入概率等[1]。

参考文献

[1] 林闯. 计算机网络和计算机系统的性能评价[M]. 北京：清华大学出版社，2001.

第二十二计 称物平施

解语：《易经·谦卦》。在我们的模型中，卦象为分散在上、刚性在下。《象》曰："称物平施。"权衡事物的多少，使其得到平均。在调度方案中，一条重要的原则就是要负载均衡（Load balance），使每个队列的服务都充分发挥效能，从而使整体系统效能最佳。

按语：在网络环境下，服务器可能不在同一个网络节点上，任务调度需要进行网络传输，这会产生不同的时延和负载。负载均衡体现为调度的公平性，在算法设计中要充分考虑服务器的差异性、队列状态的准确性和系统网络环境的变化性。例如，在网络环境中要考虑就近服务的原则，尤其是在本任务节点和近邻节点的负载不重并且服务与需求匹配的情况下，一般优先在本地或就近解决问题。远程服务易造成或加重网络负载，提升延时和不确定性[1-2]。

参考文献

[1] Zaharia M, Borthakur D, Sen Sarma J, Elmeleegy K, Shenker S and Stoica I. Delay scheduling: a simple technique for achieving locality and fairness in cluster scheduling. In: Proceedings of the 5th European conference on Computer systems, ACM, 13-16 Apr, 2010, pp. 265-278.

[2] Isard Isard, Michael, Vijayan Prabhakaran, Jon Currey, Udi Wieder, Kunal Talwar, and Andrew Goldberg. Quincy: fair scheduling for distributed computing clusters. In Proceedings of the ACM SIGOPS 22nd symposium on Operating systems principles, pp. 261-276. ACM, 2009.

第二十三计　类族辨物

解语：《易经・同人卦》。在我们的模型中，卦象为集中在上、并行在下。《象》曰："类族辨物。"分门别类辨别事物，并进行差异化调度。任务服务器的同构与异构性也是调度算法要考虑的一个重要因素，它对算法性能有很大影响。

按语：在同构系统中，每个服务器系统的新任务需要等待时间，只要简单地考察等待队列的长度，就可以判定出等待时间。但在异构系统中，对于新任务所需要的等待时间，不仅要知道等待队列的长度，还要知道服务器处理每个任务的平均期望等待时间,才能判定出这个等待时间。例如,最短队列调度算法(Shortest Queue Routing,SQR)和最短期望等待调度算法(Shortest Expected Delay Routing,SEDR)[1]分别是服务器在同构和异构情况下的两种常用且有效的算法。

参考文献

[1] 林闯. 计算机网络和计算机系统的性能评价[M]. 北京: 清华大学出版社,2001.

第二十四计　知错就改

解语:《易经·离卦》。在我们的模型中,卦象为并行相叠。(爻·初九)曰:"履错之敬,以辟咎也。"走路莽撞要认真改正,是为了避免灾害。如果由于队列服务器临时故障或已实施的调度不合适,造成已经放入队列中的任务负载不适配,要勇于及时调整,改正错误,避免灾害性后果。

按语:知错能改,善莫大焉。要发现这种任务负载不适配的情况,需要随时观察和监控系统服务的状态和服务器等待队列的长度信息。例如,当服务器有故障时,要及时调出或清空其队列中的任务,并将这些任务重新调度给其他任务队列[1]。当服务器等待队列的长度超过预警阈值时,可将超出部分的任务重新调度给其他任务队列[2]。

参考文献

[1] Dean, Jeffrey, and Sanjay Ghemawat. MapReduce: simplified data processing on large clusters. Communications of the ACM 51, no. 1 (2008): 107-113.

[2] Tumanov A, Zhu T, Park JW, Kozuch MA, Harchol-Balter M and Ganger GR.

TetriSched: global rescheduling with adaptive plan-ahead in dynamic heterogeneous clusters. In: Proceedings of the Eleventh European Conference on Computer Systems, ACM, 18-21 Apr, 2016, pp. 35-50.

第五套 M>1

第二十五计 水滴石穿

解语:《易经·解卦》。在我们的模型中,卦象为供给在上、串行在下。《象》曰:"险以动,动而免乎险。"遇险而动,动不停则可免除危险,这就是解。在计算机中,它描述的是一个可计算性问题,基本思路是将一个计算问题分拆为一系列操作,按串行序列(可以是无限序列)执行,只要能够做下去,就是可计算的;否则,是不可计算的。

按语:《易经·解卦》模型从更高的哲学角度给出一般问题的"解",也包括计算机算法的可解性。从本质来说,"上善若水",水滴石穿,经过不懈的努力,很多问题都是可解的。另一方面,将多任务队列调度为一个服务执行序列,要关注序列中任务之间存在的时序关系和依赖关系,并要保持一致性。如果不一致,可能出现危险。如果序列中任务 A 和任务 B 的服务执行存在相互依赖关系,就无法对它们的前后时序关系进行排序。一旦它们的执行形成循环,就可能产生系统的"死锁"。当然,也可在条件允许的情况下消解循环以避免"死锁"。例如,客户机-服务器特征的分布式软件模型[1-2]所采用的技术措施就可以避免死锁。

参考文献

[1] Woodside C M. Throughput Calculation for basic Stochastic Rendezvous Networks. Performance Evaluation (9):143-160, 1988/89.

[2] 林闯. 计算机网络和计算机系统的性能评价[M]. 北京：清华大学出版社，2001.

第二十六计　伺机而动

解语：《易经·需卦》。在我们的模型中，卦象为串行在上、集中在下。《象》曰："需，须也，险在前也。刚健而不陷，其义不困穷矣。"贸然前行有危险，需要等待。同步等待，可有出路。在串行处理集中数据中，按信息流的顺序排队等待处理，信息之间要有序衔接，并且信息与处理之间需要同步等待。

按语：在并行转换为串行处理中，并行的任务之间可能存在着同步关系。例如，在柔性制造系统中，并行任务可能是零件的制造和加工，最后的串行处理是零件的组装。只有同步等待零件到齐，才能进行组装[1]。同步等待的时间越长，系统的效率就越低。减少同步等待时间就成了评价这类算法设计的一个重要因素，可以考虑加强并行同步任务的服务能力和服务器资源的管理和调配，使同步任务尽可能同时到达。

参考文献

[1] 林闯. 随机 Petri 网和系统性能评价[M]. 北京：清华大学出版社，2000.

第二十七计　各得其所

解语：《易经·未济卦》。在我们的模型中，卦象为并行在上、串行在下。（爻·九二）曰："曳其轮"，"中以行正也"。进行调控，遵循正道。在并行向串行的转化中，需要遵循规则和策略。

按语：服务器调度在多任务队列中选择任务来接受服务时，可以根据各任务队列的状态信息或任务的特性进行选择，有多种调度策略可用，目标是使各种任务能满足要求，各得其所。这个计策也给多任务队列提供了一个服务器调度算法的整体模型。例如，队列长度阈值（Queue Length Threshold，QLT）算法[1-2]给每个任务队列提供一个优先级，一般情况下高优先级的队列任务将优先得到服务。但当低优先级队列的队列长度达到阈值（堆积任务比较多）时，它的任务就可得到服务。这样一来，调度算法可以提高不同队列之间的动态公平性，而且易于实现。

参考文献

[1] Chinopalkatti R, Kurose J, Towsley D. Scheduling polices for real-time and non-real-time traffic in a statistical multiplexer. In: IEEE INFOCOM'89, Ottawa, Canada, April 1989, 774-783.

[2] 林闯，单志广，任丰原. 计算机网络的服务质量(QoS)[M]. 北京：清华大学出版社，2004.

第二十八计　满而不溢

解语：《易经·大有卦》。在我们的模型中，卦象为并行在上、集中在下。《象》曰："应乎天而时行。"顺应规律而按时运行。（爻·初九）曰："无交害。"并行没有相互伤害，就没有坏处。并行处理集中数据可以大有收益。但要遏制贪念，不能超范围管理，节制守度。

按语：一般情况下，一个服务单元可以认为服务器仅有一个，任务之间的时序关系容易协调和控制。但在多个任务之间没有时序关系要求等情况下也可以有多个服务器（或虚拟机），并行批处理任务。每个服务器尽量做好自己的事情，不要进行"长臂管理"，干涉其他服务器的处理。没有"霸权"，就不会造成伤害。例如，在云计算中，要坚持资源的开放共享性，充分发挥云处理任务的能力；又要保障多租户任务的隔离性和隐私性[1]。

参考文献

[1] Wenbo Su, Qu Liu, Chuang Lin, Sherman Shen. Modeling and Analysis of Availability in Multi-Tenant SaaS. in Proceedings of the 24th IEEE International Conference on Computer Communication and Networks (ICCCN 2015), Las Vegas, NV, USA, pp. 1-8, Jul. 2015.

第二十九计　以同而异

解语：《易经·睽卦》。在我们的模型中，卦象为并行在上、柔性在下。《象》曰："以同而异。"综合事物所同，分析事物所异。找出每个任务的共同点，将不尽相同的任务归类。故应运用"类"的概念来分析任务，可以给予不同的对待和优先级。

按语：按类服务，可简化管理和提高服务质量。尤其是在计算机网络和无线网络时代，针对网络的各种应用，以提高网络资源的利用率以及为用户提供更高服务质量（QoS）为目标的 QoS 调度控制技术应运而生，已经成为网络的核心技术。例如，在 QoS 技术中，提出了区分服务的概念，奖赏服务 PS 与确保服务 AS 是讨论最为集中的两类[1]。

PS 是服务级别最高的区分服务，保障服务承诺，享受虚拟专线服务。AS 的服务与诸多因素相关，难以达到量化标准，是一种尽量优化服务。

参考文献

[1] 林闯，单志广，任丰原. 计算机网络的服务质量(QoS)[M]. 北京：清华大学出版社，2004.

第三十计　顺时而动

解语：《易经·豫卦》。在我们的模型中，卦象为并行在上、分散在下。《象》曰："顺以动豫。" 顺应时势变化，相机行事。系统在动态运行中，它的状态也在不断演化，服务调控机制也要适应它的动态变化。

按语：计算机系统的动态变化一般具有三种性质：随机性、不确定性和突发性。要设计满足这些性质的动态调控方案，就要能够及时获取系统状态信息和判断状态演化的分布规律。暂且不论这些事情能否做到，仅仅完成这些工作都要引入额外的系统负载，并使调控算法复杂化，势必会影响调控的准确性和及时性。因此，动态调度控制算法既要适应系统的动态变化，又要简单、易实现。在文献[1]中，给出了常用的分组动态调度算法的比较，可供参考。

参考文献

[1] 林闯，单志广，任丰原. 计算机网络的服务质量(QoS)[M]. 北京：清华大学出版社，2004.

第六套　M<>N

第三十一计　各自为政

解语：《易经·晋卦》。在我们的模型中，卦象为并行在上、分散在下。（爻·六五）曰："失得勿恤，往有庆也。"并行处理分散数据，可提高并行效率。去中心化，各处理器互不干扰，分配的资源各自运行，多处理器相互间只进行必要协商，可得到更高的并行化和处理效率。

按语：去中心化可能会丢失一定的可管性，但不要计较，因为这种计策通过共识算法还可增强系统的安全性。例如，区块链中使用的拜占庭容错技术（Byzantine Fault Tolerance, BFT）[1]就是一类分布式计算领域的容错技术，是一种解决分布式系统容错问题的通用方案。系统中的多个节点需要通过信使来传递消息，达成某些一致共识的决定。但由于系统中节点出错，可能向不同的节点发送不同的消息，会干扰达成的一致性。

参考文献

[1] Lamport L, Shostak R and Pease M. The Byzantine generals problem. ACM Transactions on Programming Languages and Systems (TOPLAS), July 1982, 4(3):382-401.

第三十二计　行不逾方

解语：《易经·丰卦》。在我们的模型中，卦象为供给在上、并行在下。（爻·上六）曰："丰其屋，天际翔也。"房屋很大，鸟好像在天际飞翔。并行交叉执行，要实施控制，尤其在网络环境下具有多个调度器。既要有效并行，又要控制，使行为不逾越规则和正道。

按语：鸟笼理论与此计策同出一辙。在计算机算法中常用的方法是设置阈值作为调控的触动点，用阈值编织鸟笼。在文献中已有很多阈值控制算法，而且可进一步分为静态和动态阈值控制算法。例如，交换优先级（Cutoff Priority，CP）算法的静态阈值模型[1]和动态部分缓存共享（Dynamic Partial Buffer Sharing，DPBS）算法[2]等方案。

参考文献

[1] Li B, Lin C and Chanson S T. Analysis of a hybrid cutoff priority scheme for multiple classes of traffic in multimedia wireless networks. ACM Journal of Wireless Networks, August 1998, 4(4): 279-290.

[2] Lin C, Luo W, Yan B, and Chanson S T. A Dynamic Partial Buffer Sharing Scheme for Packet Loss Control in Congested Networks. In: Proceedings of International Conference on Communication Technology, 16th IFIP World Computer Congress (WCC2000), IEEE Press, Publishing House of Electronics Industry, 21-25 August, 2000, Beijing, China, pp. 1286-1293.

第三十三计　适可而止

解语：《易经·噬嗑卦》。在我们的模型中，卦象为并行在上、供给在下。（爻·六三）曰："遇毒，位不当也。"在提供并行操作时，不宜要求尽善尽美。由于控制的复杂性，并行调控带来的负载有可能超过并行带来的效率。

按语：贪得无厌，以为得到好处，实则可能中毒，而失去原有的好处。一般原则需要使额外负载小，且增加的并行效率高，但在很多情况下这是矛盾和两难的。额外负载与增加效率之间需要平衡，中庸治世为佳。例如，文献[1]介绍了这方面的思索。

参考文献

[1] Mehta M, DeWitt D J. Managing Intra-operator Parallelism in Parallel Database Systems. In: Proceedings of the 21th International Conference on Very Large Data Bases, Morgan Kaufmann Publishers Inc., 11-15 Sep, 1995, pp. 382-394.

第三十四计　革故鼎新

解语：《易经·鼎卦》。在我们的模型中，卦象为并行在上、需求在下。（爻·初六）曰："鼎颠趾，利出否。"把鼎倒过来使之脚朝上，利于倒出腐败的食物。在计算机预制算法中，动态清除内存中过时的数据和程序，跟踪新需求，及时导入新的数据和程序，可增加并行效率。

按语：计算机内存是计算处理的最有效空间，它的存取时间短。可以把将要进一步读取和常用的数据和调用程序存放在内存中，减少读取磁盘等外存的等待时间，这是预制算法获取效率的有力手段。例如，大数据计算中的内存计算（in-memory computing）引擎 Spark[1]，它通过将数据存放在内存中，有效地为分布式数据集上的迭代作业提供了更短的计算时间。

参考文献

[1] Zaharia M, Chowdhury M, Franklin MJ, Shenker S, Stoica I. Spark: cluster computing with working sets. In: Proceedings of the 2nd USENIX conference on Hot topics in cloud computing, USENIX Association, 22-25 Jun, 2010, pp. 10-10.

第三十五计 以简驭繁

解语:《易经·贲卦》。在我们的模型中,卦象为刚性在上、并行在下。(爻·初九)曰:"舍车而徒,义弗乘也。"舍车步行,道理上不应该乘车。在算法本身的设计中,一般要求简单、易实现。简化不必要的装饰和嵌套等,直接前行。

按语:算法是为了解决问题,而解决问题可以有多种视角和思路,其中普适且行之有效的模式被归结为范式。每种范式都引导人们带着某种规范思路去分析和解决问题。计算机系统和算法设计中的一项基本要求就是要依据范式进行化简和规范。一般情况下,在设计完成前要反复进行化繁为简的工作,尽量做到以简驭繁。例如,奥卡姆剃刀定律[1]指出,切勿浪费较多东西去做只用较少的东西就同样可以做好的事情。

参考文献

[1] https://en.wikipedia.org/wiki/Occam%27s_razor.

第三十六计 用晦而明

解语:《易经·明夷卦》。在我们的模型中,卦象为分散在上、并行在下。《象》曰:"用晦而明。"(爻·上六)曰:"后入于地,失则也。"有些问题之所以不清晰,是因为失去了规则。在算法本身的设计中,虽然一般要求简单、易实现,但是在解决有些不清晰和不确定的问题时,需要以曲为伸,曲折潜行。

按语: 曲折潜行的目标还是为了简明,不能丢失规则和规律。对于有些不清晰和不确定的问题,可以在系统实践和算法执行中逐步得以清晰和明确,并进行化简和改善。人工智能算法就是这一类算法的典型代表,它有时并不能清晰地表达有些事物的变化和选择的逻辑,而通常需要学习和模拟过程来增强其算法的有效性。

例如,人工智能围棋系统 AlphaGo 历史性地战胜人类的职业围棋选手,它把蒙特卡罗方法应用在围棋战法中[1]。蒙特卡罗方法实际上是一类随机方法的统称[2],它通过两个随机 AI(选择的招法完全随机)对一个给定的盘面下若干盘"虚拟棋"来进行自我学习,从而评估某一着法的好坏。从一个给定的盘面开始,然后对每一可行着法计算出指定数量的后续着法完全随机的"虚拟棋"。之后,统计所有可行走法的平均值,以反映出"好"的着法。最后选择具有最高平均值的着法,这基于假设这一高分着法通常比其他的选择产生的结局都要好。

参考文献

[1] Silver, David, Aja Huang, Chris J. Maddison, Arthur Guez, Laurent Sifre, George Van Den Driessche, Julian Schrittwieser et al. "Mastering the game of Go with deep neural networks and tree search." nature 529, no. 7587 (2016): 484.

[2] Metropolis, Nicholas, and Stanislaw Ulam. The monte carlo method. Journal of the American statistical association, Sep 1949, 44(247): 335-341.

7 后 记

计算机系统设计和算法计策是计算机学科发展的核心基础,在计算机系统发展中起着引领作用。到目前为止,在这个领域虽然确立了一些原则并梳理了思路,但急需一个完整、有效的设计理念体系和模型。本书从《易经》哲学思想的角度,研究了计算机学科的四个基础科学问题,并在此基础上提出了策略三十六计和算法三十六计。本书的研究成果仅仅是对以《易经》为代表的东方哲学思维和计算机学科问题相互碰撞的初探。《易经》哲理博大精深、包罗万象,蕴含了中华民族几千年来对宇宙、自然和社会的认识和理解,是集体智慧的结晶。

在计算机系统设计和算法计策中,更要重视《易经》哲学道理的理解,而不要仅重视计策本身的道理。因为计策本身的道理通过计策解语和按语即可揭示清楚,而事物的哲学道理不是字面意义可以简单阐述的,它需要深刻的抽象和悟性。

本书的工作可以看作是一个大工程的开启,当然任何有效计策的产生还需要众多专业人员和历史的检验,我们希望将更多的建议和修正加入我们的工作中,以期众人智慧的显现。

附录 A 《易经》原文

上卦 / 下卦	集 乾、天	柔 兑、泽	并 离、火	供 震、雷	需 巽、风	串 坎、水	刚 艮、山	分 坤、地
集 乾、天	乾 第一 自强不息	夬 第四十三 刚决柔	大有 第十四 应天时行	大壮 第三十四 非礼弗履	小畜 第九 密云不雨	需 第五 刚健不陷	大畜 第二十六 日新其德	泰 第十一 小往大来
柔 兑、泽	履 第十 柔履刚	兑 第五十八 刚中柔外	睽 第三十八 同中求异	归妹 第五十四 永终知敝	中孚 第六十一 内诚应天	节 第六十 节以制度	损 第四十一 惩忿窒欲	临 第十九 教思保民
并 离、火	同人 第十三 类族辨物	革 第四十九 顺天应人	离 第三十 续照四方	丰 第五十五 盈虚与时	家人 第三十七 言物行恒	既济 第六十三 思患预防	贲 第二十二 刚柔交错	明夷 第三十六 用晦而明
供 震、雷	无妄 第二十五 对时育物	随 第十七 随时而动	噬嗑 第二十一 明罚敕法	震 第五十一 恐惧修省	益 第四十二 善迁过改	屯 第三 经纶谋划	颐 第二十七 自求口实	复 第二十四 反复其道
需 巽、风	姤 第四十四 品物咸章	大过 第二十八 独立不惧	鼎 第五十 正位凝命	恒 第三十二 立不易方	巽 第五十七 申命行事	井 第四十八 井养不穷	蛊 第十八 振民育德	升 第四十六 积小累大
串 坎、水	讼 第六 作事谋始	困 第四十七 致命遂志	未济 第六十四 辨物居方	解 第四十 动而免险	涣 第五十九 刚来不穷	坎 第二十九 险不失信	蒙 第四 果行育德	师 第七 行险而顺
刚 艮、山	遁 第三十三 不恶而严	咸 第三十一 刚柔感应	旅 第五十六 柔中顺刚	小过 第六十二 上逆下顺	渐 第五十三 渐进位正	蹇 第三十九 见险能止	艮 第五十二 动静适时	谦 第十五 裒多益寡
分 坤、地	否 第十二 大往小来	萃 第四十五 萃聚以正	晋 第三十五 柔进上行	豫 第十六 顺时而动	观 第二十 中正以观	比 第八 精诚团结	剥 第二十三 顺而止之	坤 第二 厚德载物

图 A.1 六十四卦的上下卦的构成及每卦排序和所对应的主要计策

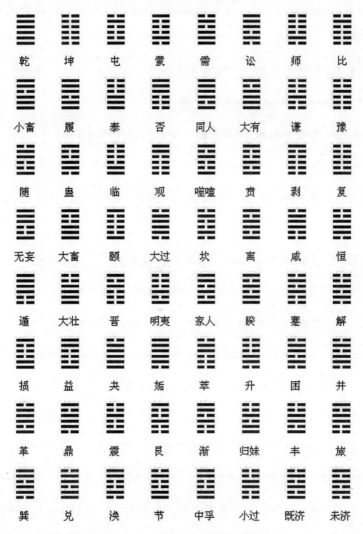

图 A.2 六十四卦的卦名和卦象排序

第一卦 乾 乾上乾下

乾:元亨,利贞。

《彖》曰：大哉乾元，万物资始，乃统天。云行雨施，品物流形，大明始终，六位时成，时乘六龙以御天。乾道变化，各正性命，保合大和，乃利贞。首出庶物，万国咸宁。

《象》曰：天行健，君子以自强不息。

初九：潜龙，勿用。《象》曰：潜龙勿用，阳在下也。

九二：见龙在田，利见大人。《象》曰：见龙在田，德施普也。

九三：君子终日乾乾，夕惕若，厉无咎。《象》曰：终日乾乾，反复道也。

九四：或跃在渊，无咎。《象》曰：或跃在渊，进无咎也。

九五：飞龙在天，利见大人。《象》曰：飞龙在天，大人造也。

上九：亢龙，有悔。《象》曰：亢龙有悔，盈不可久也。

用九：见群龙无首，吉。《象》曰：用九，天德不可为首也。

文言曰：元者，善之长也，亨者，嘉之会也，利者，义之和也，贞者，事之干也。君子体仁，足以长人；嘉会，足以合礼；利物，足以和义；贞固，足以干事。君子行此四德者，故曰：乾：元，亨，利，贞。

初九曰："潜龙勿用。"何谓也？子曰："龙德而隐者也。不易乎世，不成乎名，遁世无闷，不见是而无闷。乐则行之，忧则违之。确乎其不可拔，乾龙也。"

九二曰："见龙在田，利见大人。"何谓也？子曰："龙德而正中者也。庸言之信，庸行之谨，闲邪存其诚，善世而不伐，德博而化。《易》

曰：'见龙在田，利见大人。'君德也。"

九三曰："君子终日乾乾，夕惕若，厉无咎。"何谓也？子曰："君子进德修业，忠信，所以进德也。修辞立其诚，所以居业也。知至至之，可与几也。知终终之，可与存义也。是故，居上位而不骄，在下位而不忧。故乾乾，因其时而惕，虽危无咎矣。"

九四曰："或跃在渊，无咎。"何谓也？子曰："上下无常，非为邪也。进退无恒，非离群也。君子进德修业，欲及时也，故无咎。"

九五曰："飞龙在天，利见大人。"何谓也？子曰："同声相应，同气相求；水流湿，火就燥；云从龙，风从虎。圣人作，而万物睹，本乎天者亲上，本乎地者亲下，则各从其类也。"

上九曰："亢龙，有悔。"何谓也？子曰："贵而无位，高而无民，贤人在下而无辅，是以动而有悔也。"

潜龙勿用，下也。见龙在田，时舍也。终日乾乾，行事也。或跃在渊，自试也。飞龙在天，上治也。亢龙有悔，穷之灾也。乾元用九，天下治也。

潜龙勿用，阳气潜藏。见龙在田，天下文明。终日乾乾，与时偕行。或跃在渊，乾道乃革。飞龙在天，乃位乎天德。亢龙有悔，与时偕极。乾元用九，乃见天则。

乾元者，始而亨者也。利贞者，性情也。乾始能以美利利天下，不言所利。大矣哉！大哉乾乎？刚健中正，纯粹精也。六爻发挥，旁通情也。时乘六龙，以御天也。云行雨施，天下平也。

君子以成德为行，日可见之行也。潜之为言也，隐而未见，行而未成，是以君子弗用也。

君子学以聚之，问以辩之，宽以居之，仁以行之。《易》曰："见龙在田，利见大人。"君德也。

九三，重刚而不中，上不在天，下不在田。故乾乾，因其时而惕，虽危无咎矣。

九四，重刚而不中，上不在天，下不在田，中不在人，故或之。或之者，疑之也，故无咎。

夫大人者，与天地合其德，与日月合其明，与四时合其序，与鬼神合其吉凶。先天而天弗违，后天而奉天时。天且弗违，而况於人乎？况於鬼神乎？

亢之为言也，知进而不知退，知存而不知亡，知得而不知丧。其唯圣人乎？知进退存亡，而不失其正者，其唯圣人乎？

第二卦 坤 坤上坤下

坤：元亨，利牝马之贞。君子有攸往，先迷，后得主，利。西南得朋，东北丧朋。安贞吉。

《彖》曰：至哉坤元，万物资生，乃顺承天。坤厚载物，德合无疆，含弘光大，品物咸亨。牝马地类，行地无疆。柔顺利贞，君子攸行。先迷失道，后顺得常。西南得朋，乃与类行。东北丧朋，乃终有庆。安贞之吉，应地无疆。

《象》曰：地势坤，君子以厚德载物。

初六：履霜，坚冰至。《象》曰：履霜坚冰，阴始凝也。驯致其道，至坚冰也。

六二：直，方，大，不习无不利。《象》曰：六二之动，直以方也。不习无不利，地道光也。

六三：含章，可贞。或从王事，无成有终。《象》曰：含章可贞，以时发也。或从王事，知光大也。

六四：括囊；无咎，无誉。《象》曰：括囊无咎，慎不害也。

六五：黄裳，元吉。《象》曰：黄裳元吉，文在中也。

上六：龙战於野，其血玄黄。《象》曰：龙战於野，其道穷也。

用六：利永贞。《象》曰：用六永贞，以大终也。

文言曰：坤至柔，而动也刚，至静而德方。后得主而有常，含万物而化光。坤道其顺乎，承天而时行。

积善之家，必有馀庆；积不善之家，必有馀殃。臣弑其君，子弑其父，非一朝一夕之故，其所由来者渐矣，由辩之不早辩也。《易》曰："履霜，坚冰至。"盖言顺也。

直，其正也。方，其义也。君子敬以直内，义以方外，敬义立，而德不孤。"直，方，大，不习无不利"，则不疑其所行也。

阴虽有美，含之以从王事，弗敢成也。地道也，妻道也，臣道也。地道无成，而代有终也。

天地变化，草木蕃；天地闭，贤人隐。《易》曰："括囊，无咎，无誉。"盖言谨也。

君子黄中通理，正位居体，美在其中，而畅於四支，发於事业，美之至也。

阴疑於阳，必战。为其嫌於无阳也，故称龙焉。犹未离其类也，故称血焉。夫玄黄者，天地之杂也，天玄而地黄。

第三卦　屯　坎上震下

屯：元亨，利贞。勿用有攸往，利建侯。

《彖》曰：屯，刚柔始交而难生，动乎险中，大亨贞。雷雨之动满盈，天造草昧，宜建侯而不宁。

《象》曰：云雷，屯，君子以经纶。

初九：磐桓；利居贞，利建侯。《象》曰：虽磐桓，志行正也。以贵下贱，大得民也。

六二：屯如邅如，乘马班如。匪寇婚媾，女子贞不字，十年乃字。《象》曰：六二之难，乘刚也。十年乃字，反常也。

六三：既鹿无虞，惟入于林中，君子几不如舍，往吝。《象》曰：既鹿无虞，以从禽也。君子舍之，往吝穷也。

六四：乘马班如，求婚媾，往吉，无不利。《象》曰：求而往，明也。

九五：屯其膏，小，贞吉，大，贞凶。《象》曰：屯其膏，施未光也。

上六：乘马班如，泣血涟如。《象》曰：泣血涟如，何可长也。

第四卦　蒙　艮上坎下

蒙：亨。匪我求童蒙，童蒙求我。初筮告，再三渎，渎则不告。利贞。

《彖》曰：蒙，山下有险，险而止，蒙。蒙亨，以亨行时中也。匪我求童蒙，童蒙求我，志应也。初筮告，以刚中也。再三渎，渎则不告，渎蒙也。蒙以养正，圣功也。

《象》曰：山下出泉，蒙；君子以果行育德。

初六：发蒙，利用刑人，用说桎梏，以往吝。《象》曰：利用刑人，以正法也。

九二：包蒙，吉；纳妇，吉；子克家。《象》曰：子克家，刚柔接也。

六三：勿用取女；见金夫，不有躬，无攸利。《象》曰：勿用取女，行不顺也。

六四：困蒙，吝。《象》曰：困蒙之吝，独远实也。

六五：童蒙，吉。《象》曰：童蒙之吉，顺以巽也。

上九：击蒙，不利为寇，利御寇。《象》曰：利用御寇，上下顺也。

第五卦　需 坎上乾下

需：有孚，光亨，贞吉。利涉大川。

《彖》曰：需，须也；险在前也。刚健而不陷，其义不困穷矣。需有孚，光亨，贞吉。位乎天位，以正中也。利涉大川，往有功也。

《象》曰：云上於天，需；君子以饮食宴乐。

初九：需于郊。利用恒，无咎。《象》曰：需于郊，不犯难行也。利用恒，无咎，未失常也。

九二：需于沙。小有言，终吉。《象》曰：需于沙，衍在中也。虽小有言，以吉终也。

九三：需于泥，致寇至。《象》曰：需于泥，灾在外也。自我致寇，敬慎不败也。

六四：需于血，出自穴。《象》曰：需于血，顺以听也。

九五：需于酒食，贞吉。《象》曰：酒食贞吉，以中正也。

上六：入于穴，有不速之客三人来，敬之终吉。《象》曰：不速之客来，敬之终吉。虽不当位，未大失也。

第六卦　讼 乾上坎下

讼：有孚，窒。惕，中吉。终凶。利见大人，不利涉大川。

《彖》曰：讼，上刚下险，险而健讼。讼有孚窒，惕中吉，刚来而得中也。终凶；讼不可成也。利见大人，尚中正也。不利涉大川，入于渊也。

《象》曰：天与水违行，讼。君子以作事谋始。

初六：不永所事，小有言，终吉。《象》曰：不永所事，讼不可长也。虽有小言，其辩明也。

九二：不克讼，归而逋，其邑人三百户无眚。《象》曰：不克讼，归逋窜也。自下讼上，患至掇也。

六三：食旧德，贞厉，终吉。或从王事，无成。《象》曰：食旧德，从上吉也。

九四：不克讼，复即命，渝，安贞，吉。《象》曰：复即命渝，安贞吉；不失也。

九五：讼，元吉。《象》曰：讼元吉，以中正也。

上九：或锡之鞶带，终朝三褫之。《象》曰：以讼受服，亦不足敬也。

第七卦 师 坤上坎下

师：贞，丈人吉，无咎。

《象》曰：师，众也。贞，正也。能以众正，可以王矣。刚中而应，行险而顺，以此毒天下，而民从之，吉又何咎矣。

《象》曰：地中有水，师。君子以容民畜众。

初六：师出以律，否臧凶。《象》曰：师出以律，失律凶也。

九二：在师中吉，无咎，王三锡命。《象》曰：在师中吉，承天宠也。王三锡命，怀万邦也。

六三：师或舆尸，凶。《象》曰：师或舆尸，大无功也。

六四：师左次，无咎。《象》曰：左次无咎，未失常也。

六五：田有禽，利执言，无咎。长子帅师，弟子舆尸，贞凶。《象》曰：长子帅师，以中行也。弟子舆尸，使不当也。

上六：大君有命，开国承家，小人勿用。《象》曰：大君有命，以正功也。小人勿用，必乱邦也。

第八卦　比 坎上坤下

比：吉。原筮元，永贞无咎。不宁方来，后夫凶。

《象》曰：比，吉也，比，辅也，下顺从也。原筮元永贞无咎，以刚中也。不宁方来，上下应也。后夫凶，其道穷也。

《象》曰：地上有水，比。先王以建万国，亲诸侯。

初六：有孚比之，无咎。有孚盈缶，终来有他，吉。《象》曰：比之初六，有他吉也。

六二：比自内，贞吉。《象》曰：比之自内，不自失也。

六三：比之匪人。《象》曰：比之匪人，不亦伤乎？

六四：外比之，贞吉。《象》曰：外比於贤，以从上也。

九五：显比，王用三驱，失前禽。邑人不诫，吉。《象》曰：显比之吉，位正中也。舍逆取顺，失前禽也。邑人不诫，上使中也。

上六：比之无首，凶。《象》曰：比之无首，无所终也。

第九卦 小畜 巽上乾下

小畜：亨。密云不雨，自我西郊。

《彖》曰：小畜；柔得位，而上下应之，曰小畜。健而巽，刚中而志行，乃亨。密云不雨，尚往也。自我西郊，施未行也。

《象》曰：风行天上，小畜。君子以懿文德。

初九：复自道，何其咎，吉。《象》曰：复自道，其义吉也。

九二：牵复，吉。《象》曰：牵复在中，亦不自失也。

九三：舆说辐，夫妻反目。《象》曰：夫妻反目，不能正室也。

六四：有孚，血去，惕出，无咎。《象》曰：有孚惕出，上合志也。

九五：有孚挛如，富以其邻。《象》曰：有孚挛如，不独富也。

上九：既雨既处，尚德载。妇贞厉。月几望，君子征凶。《象》曰：既雨既处，德积载也。君子征凶，有所疑也。

第十卦 履 乾上兑下

履：履虎尾，不咥人，亨。

《彖》曰：履，柔履刚也。说而应乎乾，是以履虎尾，不咥人，亨。刚中正，履帝位而不疚，光明也。

《象》曰：上天下泽，履。君子以辨上下，定民志。

初九：素履，往无咎。《象》曰：素履之往，独行愿也。

九二：履道坦坦，幽人贞吉。《象》曰：幽人贞吉，中不自乱也。

六三：眇能视，跛能履，履虎尾，咥人，凶。武人为于大君。《象》曰：眇能视；不足以有明也。跛能履；不足以与行也。咥人之凶，位不当也。武人为于大君，志刚也。

九四：履虎尾，愬愬，终吉。《象》曰：愬愬终吉，志行也。

九五：夬履，贞厉。《象》曰：夬履贞厉，位正当也。

上九：视履考祥，其旋元吉。《象》曰：元吉在上，大有庆也。

第十一卦　泰 坤上乾下

泰：小往大来，吉亨。

《象》曰：泰，小往大来，吉亨。则是天地交而万物通也；上下交而其志同也。内阳而外阴，内健而外顺，内君子而外小人，君子道长，小人道消也。

《象》曰：天地交，泰。后以财成天地之道，辅相天地之宜，以左右民。

初九：拔茅茹以其汇，征吉。《象》曰：拔茅征吉，志在外也。

九二：包荒，用冯河，不遐遗朋，亡，得尚于中行。《象》曰：包荒，得尚于中行，以光大也。

九三：无平不陂，无往不复，艰贞无咎。勿恤其孚，于食有福。《象》曰：无往不复，天地际也。

六四：翩翩，不富以其邻，不戒以孚。《象》曰：翩翩不富，皆失实也。不戒以孚，中心愿也。

六五：帝乙归妹以祉，元吉。《象》曰：以祉元吉，中以行愿也。

上六：城复于隍，勿用师。自邑告命，贞吝。《象》曰：城复于隍，其命乱也。

第十二卦　否　乾上坤下

否：否之匪人，不利君子贞，大往小来。

《彖》曰：否之匪人，不利君子贞，大往小来，则是天地不交而万物不通也；上下不交而天下无邦也。内阴而外阳，内柔而外刚，内小人而外君子。小人道长，君子道消也。

《象》曰：天地不交，否。君子以俭德辟难，不可荣以禄。

初六：拔茅茹以其汇，贞吉，亨。《象》曰：拔茅贞吉，志在君也。

六二：包承，小人吉，大人否。亨。《象》曰：大人否亨，不乱群也。

六三：包羞。《象》曰：包羞，位不当也。

九四：有命，无咎，畴离祉。《象》曰：有命无咎，志行也。

九五：休否，大人吉。其亡其亡，系于苞桑。《象》曰：大人之吉，位正当也。

上九：倾否，先否后喜。《象》曰：否终则倾，何可长也。

第十三卦　同人　乾上离下

同人：同人于野，亨。利涉大川，利君子贞。

《彖》曰：同人，柔得位得中，而应乎乾，曰同人。同人曰，同人于野，亨。利涉大川，乾行也。文明以健，中正而应，君子正也。唯君子为能通天下之志。

《象》曰：天与火，同人。君子以类族辨物。

初九：同人于门，无咎。《象》曰：出门同人，又谁咎也。

六二：同人于宗，吝。《象》曰：同人于宗，吝道也。

九三：伏戎于莽，升其高陵，三岁不兴。《象》曰：伏戎于莽，敌刚也。三岁不兴，安行也。

九四：乘其墉，弗克攻，吉。《象》曰：乘其墉，义弗克也。其吉，则困而反则也。

九五：同人，先号啕而后笑。大师克相遇。《象》曰：同人之先，以中直也。大师相遇，言相克也。

上九：同人于郊，无悔。《象》曰：同人于郊，志未得也。

第十四卦　大有　离上乾下

大有：元亨。

《彖》曰：大有，柔得尊位，大中而上下应之，曰大有。其德刚健而文明，应乎天而时行，是以元亨。

《象》曰：火在天上，大有。君子以遏恶扬善，顺天休命。

初九：无交害，匪咎，艰则无咎。《象》曰：大有初九，无交害也。

九二：大车以载，有攸往，无咎。《象》曰：大车以载，积中不败也。

九三：公用亨于天子，小人弗克。《象》曰：公用亨于天子，小人害也。

九四：匪其彭，无咎。《象》曰：匪其彭，无咎，明辨晰也。

六五：厥孚交如，威如吉。《象》曰：厥孚交如，信以发志也。威如之吉，易而无备也。

上九：自天佑之，吉无不利。《象》曰：大有上吉，自天佑也。

第十五卦　谦　坤上艮下

谦：亨，君子有终。

《彖》曰：谦，亨。天道下济而光明，地道卑而上行。天道亏盈而益谦，地道变盈而流谦，鬼神害盈而福谦，人道恶盈而好谦。谦尊而光，卑而不可踰，君子之终也。

《象》曰：地中有山，谦。君子以衰多益寡，称物平施。

初六：谦谦君子，用涉大川，吉。《象》曰：谦谦君子，卑以自牧也。

六二：鸣谦，贞吉。《象》曰：鸣谦贞吉，中心得也。

九三：劳谦，君子有终，吉。《象》曰：劳谦君子，万民服也。

六四：无不利，撝谦。《象》曰：无不利，撝谦；不违则也。

六五：不富以其邻，利用侵伐，无不利。《象》曰：利用侵伐，征不服也。

上六：鸣谦，利用行师征邑国。《象》曰：鸣谦，志未得也。可用行师，征邑国也。

第十六卦 豫 震上坤下

豫：利建侯行师。

《彖》曰：豫，刚应而志行，顺以动，豫。豫顺以动，故天地如之，而况建侯行师乎？天地以顺动，故日月不过，而四时不忒。圣人以顺动，则刑罚清而民服。豫之时义大矣哉！

《象》曰：雷出地奋，豫。先王以作乐崇德，殷荐之上帝，以配祖考。

初六：鸣豫，凶。《象》曰：初六鸣豫，志穷凶也。

六二：介于石，不终日，贞吉。《象》曰：不终日贞吉，以中正也。

六三：盱豫，悔。迟有悔。《象》曰：盱豫有悔，位不当也。

九四：由豫，大有得。勿疑朋盍簪。《象》曰：由豫大有得，志大行也。

六五：贞疾，恒不死。《象》曰：六五贞疾，乘刚也。恒不死，中未亡也。

上六：冥豫，成有渝，无咎。《象》曰：冥豫在上，何可长也。

第十七卦 随 兑上震下

随：元亨，利贞，无咎。

《彖》曰：随，刚来而下柔，动而说，随。大亨贞无咎，而天下随时，随时之义大矣哉！

《象》曰：泽中有雷，随。君子以向晦入宴息。

初九：官有渝，贞吉。出门交有功。《象》曰：官有渝，从正吉也。出门交有功，不失也。

六二：系小子，失丈夫。《象》曰：系小子，弗兼与也。

六三：系丈夫，失小子。随有求得，利居贞。《象》曰：系丈夫，志舍下也。

九四：随有获，贞凶。有孚在道，以明，何咎。《象》曰：随有获，其义凶也。有孚在道，明功也。

九五：孚于嘉，吉。《象》曰：孚于嘉，吉。位正中也。

上六：拘系之，乃从维之。王用亨于西山。《象》曰：拘系之，上穷也。

第十八卦　蛊 艮上巽下

蛊：元亨。利涉大川，先甲三日，后甲三日。

《彖》曰：蛊，刚上而柔下，巽而止，蛊。蛊，元亨，而天下治也。利涉大川，往有事也。先甲三日，后甲三日，终则有始，天行也。

《象》曰：山下有风，蛊。君子以振民育德。

初六：干父之蛊，有子，考无咎，厉终吉。《象》曰：干父之蛊，意承考也。

九二：干母之蛊，不可贞。《象》曰：干母之蛊，得中道也。

九三：干父之蛊，小有悔，无大咎。《象》曰：干父之蛊，终无咎也。

六四：裕父之蛊，往见吝。《象》曰：裕父之蛊，往未得也。

六五：干父之蛊，用誉。《象》曰：干父用誉；承以德也。

上九：不事王侯，高尚其事。《象》曰：不事王侯，志可则也。

第十九卦　临　坤上兑下

临：元亨，利贞。至于八月有凶。

《象》曰：临，刚浸而长，说而顺，刚中而应，大亨以正，天之道也。至于八月有凶，消不久也。

《象》曰：泽上有地，临。君子以教思无穷，容保民无疆。

初九：咸临，贞吉。《象》曰：咸临 贞吉，志行正也。

九二：咸临，吉，无不利。《象》曰：咸临，吉无不利，未顺命也。

六三：甘临，无攸利。既忧之，无咎。《象》曰：甘临，位不当也。既忧之，咎不长也。

六四：至临，无咎。《象》曰：至临无咎，位当也。

六五：知临，大君之宜，吉。《象》曰：大君之宜，行中之谓也。

上六：敦临，吉，无咎。《象》曰：敦临之吉，志在内也。

第二十卦　观　巽上坤下

观：盥而不荐，有孚颙若。

《象》曰：大观在上，顺而巽，中正以观天下，观。盥而不荐，有孚颙若，下观而化也。观天之神道，而四时不忒。圣人以神道设教，而天下服矣。

《象》曰：风行地上，观；先王以省方，观民，设教。

初六：童观，小人无咎，君子吝。《象》曰：初六童观，小人道也。

六二：窥观，利女贞。《象》曰：窥观女贞，亦可丑也。

六三：观我生，进退。《象》曰：观我生进退，未失道也。

六四：观国之光，利用宾于王。《象》曰：观国之光，尚宾也。

九五：观我生，君子无咎。《象》曰：观我生，观民也。

上九：观其生，君子无咎。《象》曰：观其生，志未平也。

第二十一卦 噬嗑 离上震下

噬嗑：亨。利用狱。

《彖》曰：颐中有物，曰噬嗑。噬嗑而亨，刚柔分，动而明，雷电合而章。柔得中而上行，虽不当位，利用狱也。

《象》曰：雷电噬嗑。先王以明罚敕法。

初九：履校灭趾，无咎。《象》曰：履校灭趾，不行也。

六二：噬肤灭鼻，无咎。《象》曰：噬肤灭鼻，乘刚也。

六三：噬腊肉遇毒，小吝，无咎。《象》曰：遇毒，位不当也。

九四：噬乾胏，得金矢，利艰贞，吉。《象》曰：利艰贞吉，未光也。

六五：噬乾肉，得黄金，贞厉，无咎。《象》曰：贞厉无咎，得当也。

上九：何校灭耳，凶。《象》曰：何校灭耳，聪不明也。

第二十二卦 贲 艮上离下

贲：亨。小利有所往。

《彖》曰：贲，亨；柔来而文刚，故亨。分刚上而文柔，故小利有攸往，天文也。文明以止，人文也。观乎天文以察时变，观乎人文以化成天下。

《象》曰：山下有火，贲。君子以明庶政，无敢折狱。

初九：贲其趾，舍车而徒。《象》曰：舍车而徒，义弗乘也。

六二：贲其须。《象》曰：贲其须，与上兴也。

九三：贲如濡如，永贞吉。《象》曰：永贞之吉，终莫之陵也。

六四：贲如皤如，白马翰如，匪寇婚媾。《象》曰：六四，当位疑也。匪寇婚媾，终无尤也。

六五：贲于丘园，束帛戋戋，吝，终吉。《象》曰：六五之吉，有喜也。

上九：白贲，无咎。《象》曰：白贲无咎，上得志也。

第二十三卦　剥　艮上坤下

剥：不利有攸往。

《彖》曰：剥，剥也，柔变刚也。不利有攸往，小人长也。顺而止之，观象也。君子尚消息盈虚，天行也。

《象》曰：山附于地，剥。上以厚下安宅。

初六：剥床以足，蔑贞凶。《象》曰：剥床以足，以灭下也。

六二：剥床以辨，蔑贞凶。《象》曰：剥床以辨，未有与也。

六三：剥之，无咎。《象》曰：剥之无咎，失上下也。

六四：剥床以肤，凶。《象》曰：剥床以肤，切近灾也。

六五：贯鱼以宫人宠，无不利。《象》曰：以宫人宠，终无尤也。

上九：硕果不食，君子得舆，小人剥庐。《象》曰：君子得舆，民所载也。小人剥庐，终不可用也。

第二十四卦　复　坤上震下

复：亨。出入无疾，朋来无咎。反复其道，七日来复，利有攸往。

《彖》曰：复亨；刚反，动而以顺行，是以出入无疾，朋来无咎。反复其道，七日来复，天行也。利有攸往，刚长也。复，其见天地之心乎？

《象》曰：雷在地中，复。先王以至日闭关，商旅不行，后不省方。

初九：不复远，无祗悔，元吉。《象》曰：不远之复，以修身也。

六二：休复，吉。《象》曰：休复之吉，以下仁也。

六三：频复，厉，无咎。《象》曰：频复之厉，义无咎也。

六四：中行独复。《象》曰：中行独复，以从道也。

六五：敦复，无悔。《象》曰：敦复无悔，中以自考也。

上六：迷复，凶，有灾眚。用行师，终有大败，以其国君凶，至于十年，不克征。《象》曰：迷复之凶，反君道也。

第二十五卦　无妄　乾上震下

无妄：元亨，利贞。其匪正有眚，不利有攸往。

《彖》曰：无妄，刚自外来而为主於内，动而健，刚中而应，大亨以正，天之命也。其匪正有眚，不利有攸往。无妄之往，何之矣？天命不佑，行矣哉？

《象》曰：天下雷行，物与无妄。先王以茂对时，育万物。

初九：无妄，往吉。《象》曰：无妄之往，得志也。

六二：不耕获，不菑畲，则利有攸往。《象》曰：不耕获，未富也。

六三：无妄之灾，或系之牛，行人之得，邑人之灾。《象》曰：行人得牛，邑人灾也。

九四：可贞，无咎。《象》曰：可贞无咎，固有之也。

九五：无妄之疾，勿药有喜。《象》曰：无妄之药，不可试也。

上九：无妄行，有眚，无攸利。《象》曰：无妄之行，穷之灾也。

第二十六卦　大畜 艮上乾下

大畜：利贞，不家食，吉，利涉大川。

《象》曰：大畜，刚健笃实，辉光，日新其德，刚上而尚贤，能止健，大正也。不家食吉，养贤也。利涉大川，应乎天也。

《象》曰：天在山中，大畜。君子以多识前言往行，以畜其德。

初九：有厉，利已。《象》曰：有厉利已，不犯灾也。

九二：舆说輹。《象》曰：舆说輹，中无尤也。

九三：良马逐，利艰贞。曰闲舆卫，利有攸往。《象》曰：利有攸往，上合志也。

六四：童牛之牿，元吉。《象》曰：六四元吉，有喜也。

六五：豮豕之牙，吉。《象》曰：六五之吉，有庆也。

上九：何天之衢，亨。《象》曰：何天之衢，道大行也。

第二十七卦　颐　艮上震下

颐：贞吉。观颐，自求口实。

《彖》曰：颐，贞吉，养正则吉也。观颐，观其所养也；自求口实，观其自养也。天地养万物，圣人养贤以及万民，颐之时大矣哉！

《象》曰：山下有雷，颐。君子以慎言语，节饮食。

初九：舍尔灵龟，观我朵颐，凶。《象》曰：观我朵颐，亦不足贵也。

六二：颠颐，拂经，于丘颐，征凶。《象》曰：六二征凶，行失类也。

六三：拂颐，贞凶，十年勿用，无攸利。《象》曰：十年勿用，道大悖也。

六四：颠颐，吉。虎视眈眈，其欲逐逐，无咎。《象》曰：颠颐之吉，上施光也。

六五：拂经，居贞吉，不可涉大川。《象》曰：居贞之吉，顺以从上也。

上九：由颐，厉，吉，利涉大川。《象》曰：由颐厉吉，大有庆也。

第二十八卦　大过　兑上巽下

大过：栋桡，利有攸往，亨。

《彖》曰：大过，大者过也。栋桡，本末弱也。刚过而中，巽而说行，利有攸往，乃亨。大过之时大矣哉！

《象》曰：泽灭木，大过。君子以独立不惧，遁世无闷。

初六：藉用白茅，无咎。《象》曰：藉用白茅，柔在下也。

九二：枯杨生稊，老夫得其女妻，无不利。《象》曰：老夫女妻，过以相与也。

九三：栋桡，凶。《象》曰：栋桡之凶，不可以有辅也。

九四：栋隆，吉；有它，吝。《象》曰：栋隆之吉，不桡乎下也。

九五：枯杨生华，老妇得其士夫，无咎无誉。《象》曰：枯杨生华，何可久也。老妇士夫，亦可丑也。

上六：过涉灭顶，凶，无咎。《象》曰：过涉之凶，不可咎也。

第二十九卦　坎　坎上坎下

坎：习坎，有孚维心，亨，行有尚。

《象》曰：习坎，重险也。水流而不盈，行险而不失其信。维心亨，乃以刚中也。行有尚，往有功也。天险，不可升也。地险，山川丘陵也。王公设险，以守其国。险之时用大矣哉！

《象》曰：水洊至，习坎。君子以常德行，习教事。

初六：习坎，入于坎窞，凶。《象》曰：习坎入坎，失道凶也。

九二：坎有险，求小得。《象》曰：求小得，未出中也。

六三：来之坎坎，险且枕，入于坎窞，勿用。《象》曰：来之坎坎，终无功也。

六四：樽酒簋贰，用缶，纳约自牖，终无咎。《象》曰：樽酒簋贰，刚柔际也。

九五：坎不盈，祗既平，无咎。《象》曰：坎不盈，中未大也。

上六：系用徽纆，寘于丛棘，三岁不得，凶。《象》曰：上六失道，凶三岁也。

第三十卦　离 离上离下

离：利贞，亨。畜牝牛，吉。

《彖》曰：离，丽也。日月丽乎天，百谷草木丽乎土，重明以丽乎正，乃化成天下。柔丽乎中正，故亨；是以畜牝牛吉也。

《象》曰：明两作，离。大人以继明照于四方。

初九：履错然，敬之无咎。《象》曰：履错之敬，以辟咎也。

六二：黄离，元吉。《象》曰：黄离元吉，得中道也。

九三：日昃之离，不鼓缶而歌，则大耋之嗟，凶。《象》曰：日昃之离，何可久也。

九四：突如其来如，焚如，死如，弃如。《象》曰：突如其来如，无所容也。

六五：出涕沱若，戚嗟若，吉。《象》曰：六五之吉，离王公也。

上九：王用出征，有嘉折首，获匪其丑，无咎。《象》曰：王用出征，以正邦也。

第三十一卦　咸　兑上艮下

咸：亨，利贞，取女吉。

《象》曰：咸，感也。柔上而刚下，二气感应以相与，止而说，男下女，是以亨利贞，取女吉也。天地感而万物化生，圣人感人心而天下和平。观其所感，而天地万物之情可见矣。

《象》曰：山上有泽，咸。君子以虚受人。

初六：咸其拇。《象》曰：咸其拇，志在外也。

六二：咸其腓，凶，居吉。《象》曰：虽凶，居吉，顺不害也。

九三：咸其股，执其随，往吝。《象》曰：咸其股，亦不处也。志在随人，所执下也。

九四：贞吉，悔亡。憧憧往来，朋从尔思。《象》曰：贞吉悔亡，未感害也。憧憧往来，未光大也。

九五：咸其脢，无悔。《象》曰：咸其脢，志末也。

上六：咸其辅颊舌。《象》曰：咸其辅颊舌，滕口说也。

第三十二卦　恒　震上巽下

恒：亨，无咎，利贞，利有攸往。

《象》曰：恒，久也。刚上而柔下，雷风相与，巽而动，刚柔皆应，恒。恒，亨，无咎利贞，久於其道也。天地之道，恒久而不已也。利有攸往，终则有始也。日月得天，而能久照，四时变化，而能久成。圣人久於其道，而天下化成。观其所恒，而天地万物之情可见矣。

《象》曰：雷风，恒。君子以立不易方。

初六：浚恒，贞凶，无攸利。《象》曰：浚恒之凶，始求深也。

九二：悔亡。《象》曰：九二悔亡，能久中也。

九三：不恒其德，或承之羞，贞吝。《象》曰：不恒其德，无所容也。

九四：田无禽。《象》曰：久非其位，安得禽也。

六五：恒其德，贞，妇人吉，夫子凶。《象》曰：妇人贞吉，从一而终也。夫子制义，从妇凶也。

上六：振恒，凶。《象》曰：振恒在上，大无功也。

第三十三卦　遁 乾上艮下

遁：亨，小利贞。

《彖》曰：遁亨，遁而亨也。刚当位而应，与时行也。小利贞，浸而长也。遁之时义大矣哉！

《象》曰：天下有山，遁。君子以远小人，不恶而严。

初六：遁尾，厉，勿用有攸往。《象》曰：遁尾之厉，不往何灾也。

六二：执之用黄牛之革，莫之胜说。《象》曰：执用黄牛，固志也。

九三：系遁，有疾厉，畜臣妾，吉。《象》曰：系遁之厉，有疾惫也。畜臣妾吉，不可大事也。

九四：好遁，君子吉，小人否。《象》曰：君子好遁，小人否也。

九五：嘉遁，贞吉。《象》曰：嘉遁贞吉，以正志也。

上九：肥遁，无不利。《象》曰：肥遁，无不利，无所疑也。

第三十四卦　大壮　震上乾下

大壮：利贞。

《彖》曰：大壮，大者壮也。刚以动，故壮。大壮利贞，大者正也。正大而天地之情可见矣。

《象》曰：雷在天上，大壮。君子以非礼勿履。

初九：壮于趾，征凶，有孚。《象》曰：壮于趾，其孚穷也。

九二：贞吉。《象》曰：九二贞吉，以中也。

九三：小人用壮，君子用罔，贞厉。羝羊触藩，羸其角。《象》曰：小人用壮，君子罔也。

九四：贞吉，悔亡，藩决不羸，壮于大舆之輹。《象》曰：藩决不羸，尚往也。

六五：丧羊于易，无悔。《象》曰：丧羊于易，位不当也。

上六：羝羊触藩，不能退，不能遂，无攸利，艰则吉。《象》曰：不能退，不能遂，不详也。艰则吉，咎不长也。

第三十五卦　晋　离上坤下

晋：康侯用锡马蕃庶，昼日三接。

《彖》曰：晋，进也。明出地上，顺而丽乎大明，柔进而上行。是以康侯用锡马蕃庶，昼日三接也。

《象》曰：明出地上，晋。君子以自昭明德。

初六：晋如，摧如，贞吉。罔孚，裕无咎。《象》曰：晋如，摧如；独行正也。裕无咎，未受命也。

六二：晋如，愁如，贞吉。受兹介福，于其王母。《象》曰：受兹介福，以中正也。

六三：众允，悔亡。《象》曰：众允之，志上行也。

九四：晋如鼫鼠，贞厉。《象》曰：鼫鼠贞厉，位不当也。

六五：悔亡，失得勿恤，往吉，无不利。《象》曰：失得勿恤，往有庆也。

上九：晋其角，维用伐邑，厉吉，无咎，贞吝。《象》曰：维用伐邑，道未光也。

第三十六卦 明夷 坤上离下

明夷：利艰贞。

《彖》曰：明入地中，明夷。内文明而外柔顺，以蒙大难，文王以之。利艰贞，晦其明也，内难而能正其志，箕子以之。

《象》曰：明入地中，明夷。君子以莅众，用晦而明。

初九：明夷于飞，垂其翼。君子于行，三日不食，有攸往，主人有言。《象》曰：君子于行，义不食也。

六二：明夷，夷于左股，用拯马壮，吉。《象》曰：六二之吉，顺以则也。

九三：明夷于南狩，得其大首，不可疾，贞。《象》曰：南狩之志，乃大得也。

六四：入于左腹，获明夷之心，于出门庭。《象》曰：入于左腹，获心意也。

六五：箕子之明夷，利贞。《象》曰：箕子之贞，明不可息也。

上六：不明晦，初登于天，后入于地。《象》曰：初登于天，照四国也。后入于地，失则也。

第三十七卦　家人　巽上离下

家人：利女贞。

《彖》曰：家人，女正位乎内，男正位乎外，男女正，天地之大义也。家人有严君焉，父母之谓也。父父，子子，兄兄，弟弟，夫夫，妇妇，而家道正，正家而天下定矣。

《象》曰：风自火出，家人。君子以言有物，而行有恒。

初九：闲有家，悔亡。《象》曰：闲有家，志未变也。

六二：无攸遂，在中馈，贞吉。《象》曰：六二之吉，顺以巽也。

九三：家人嗃嗃，悔厉吉。妇子嘻嘻，终吝。《象》曰：家人嗃嗃，未失也；妇子嘻嘻，失家节也。

六四：富家，大吉。《象》曰：富家大吉，顺在位也。

九五：王假有家，勿恤，吉。《象》曰：王假有家，交相爱也。

上九：有孚威如，终吉。《象》曰：威如之吉，反身之谓也。

第三十八卦 睽 离上兑下

睽：小事吉。

《彖》曰：睽，火动而上，泽动而下；二女同居，其志不同行。说而丽乎明，柔进而上行，得中而应乎刚，是以小事吉。天地睽，而其事同也；男女睽，而其志通也；万物睽，而其事类也；睽之时用大矣哉！

《象》曰：上火下泽，睽。君子以同而异。

初九：悔亡，丧马勿逐，自复；见恶人，无咎。《象》曰：见恶人，以辟咎也。

九二：遇主于巷，无咎。《象》曰：遇主于巷，未失道也。

六三：见舆曳，其牛掣，其人天且劓，无初有终。《象》曰：见舆曳，位不当也。无初有终，遇刚也。

九四：睽孤，遇元夫，交孚，厉，无咎。《象》曰：交孚无咎，志行也。

六五：悔亡，厥宗噬肤，往何咎。《象》曰：厥宗噬肤，往有庆也。

上九：睽孤，见豕负涂，载鬼一车，先张之弧，后说之弧，匪寇，婚媾。往遇雨则吉。《象》曰：遇雨之吉，群疑亡也。

第三十九卦　蹇 坎上艮下

蹇：利西南，不利东北。利见大人，贞吉。

《彖》曰：蹇，难也，险在前也。见险而能止，知矣哉！蹇利西南，往得中也。不利东北，其道穷也。利见大人，往有功也。当位贞吉，以正邦也。蹇之时用大矣哉！

《象》曰：山上有水，蹇。君子以反身修德。

初六：往蹇，来誉。《象》曰：往蹇来誉，宜待也。

六二：王臣蹇蹇，匪躬之故。《象》曰：王臣蹇蹇，终无尤也。

九三：往蹇来反。《象》曰：往蹇来反，内喜之也。

六四：往蹇来连。《象》曰：往蹇来连，当位实也。

九五：大蹇朋来。《象》曰：大蹇朋来，以中节也。

上六：往蹇来硕，吉。利见大人。《象》曰：往蹇来硕，志在内也。利见大人，以从贵也。

第四十卦　解 震上坎下

解：利西南，无所往，其来复吉。有攸往，凤吉。

《彖》曰：解，险以动，动而免乎险，解。解利西南，往得众也。其来复吉，乃得中也。有攸往凤吉，往有功也。天地解，而雷雨作，雷雨作，而百果草木皆甲坼。解之时大矣哉！

《象》曰：雷雨作，解。君子以赦过宥罪。

初六：无咎。《象》曰：刚柔之际，义无咎也。

九二：田获三狐，得黄矢，贞吉。《象》曰：九二贞吉，得中道也。

六三：负且乘，致寇至，贞吝。《象》曰：负且乘，亦可丑也。自我致戎，又谁咎也。

九四：解而拇，朋至斯孚。《象》曰：解而拇，未当位也。

六五：君子维有解，吉；有孚于小人。《象》曰：君子有解，小人退也。

上六：公用射隼，于高墉之上，获之，无不利。《象》曰：公用射隼，以解悖也。

第四十一卦　损 艮上兑下

损：有孚，元吉，无咎，可贞，利有攸往。曷之用，二簋可用享。

《彖》曰：损，损下益上，其道上行。损而有孚，元吉，无咎，可贞，利有攸往。曷之用，二簋可用享；二簋应有时。损刚益柔有时，损益盈虚，与时偕行。

《象》曰：山下有泽，损。君子以惩忿窒欲。

初九：已事遄往，无咎，酌损之。《象》曰：已事遄往，尚合志也。

九二：利贞，征凶，弗损益之。《象》曰：九二利贞，中以为志也。

六三：三人行则损一人，一人行则得其友。《象》曰：一人行，三则疑也。

六四：损其疾，使遄有喜，无咎。《象》曰：损其疾，亦可喜也。

六五：或益之十朋之龟，弗克违，元吉。《象》曰：六五元吉，自上佑也。

上九：弗损益之，无咎，贞吉，利有攸往，得臣无家。《象》曰：弗损益之，大得志也。

第四十二卦　益 巽上震下

益：利有攸往，利涉大川。

《彖》曰：益，损上益下，民说无疆，自上下下，其道大光。利有攸往，中正有庆。利涉大川，木道乃行。益动而巽，日进无疆。天施地生，其益无方。凡益之道，与时偕行。

《象》曰：风雷，益。君子以见善则迁，有过则改。

初九：利用为大作，元吉，无咎。《象》曰：元吉无咎，下不厚事也。

六二：或益之十朋之龟，弗克违，永贞吉。王用享于帝，吉。《象》曰：或益之，自外来也。

六三：益之用凶事，无咎。有孚中行，告公用圭。《象》曰：益用凶事，固有之也。

六四：中行告公从，利用为依迁国。《象》曰：告公从，以益志也。

九五：有孚惠心，勿问元吉，有孚惠我德。《象》曰：有孚惠心，勿问之矣。惠我德，大得志也。

上九：莫益之，或击之，立心勿恒，凶。《象》曰：莫益之，偏辞也。或击之，自外来也。

第四十三卦　夬 兑上乾下

夬：扬于王庭，孚号，有厉，告自邑，不利即戎，利有攸往。

《彖》曰：夬，决也，刚决柔也。健而说，决而和。扬于王庭，柔乘五刚也。孚号有厉，其危乃光也。告自邑，不利即戎，所尚乃穷也。利有攸往，刚长乃终也。

《象》曰：泽上于天，夬。君子以施禄及下，居德则忌。

初九：壮于前趾，往不胜，为咎。《象》曰：不胜而往，咎也。

九二：惕号，莫夜有戎，勿恤。《象》曰：有戎勿恤，得中道也。

九三：壮于頄，有凶。君子夬夬独行，遇雨若濡，有愠，无咎。《象》曰：君子夬夬，终无咎也。

九四：臀无肤，其行次且。牵羊悔亡，闻言不信。《象》曰：其行次且，位不当也。闻言不信，聪不明也。

九五：苋陆夬夬，中行无咎。《象》曰：中行无咎，中未光也。

上六：无号，终有凶。《象》曰：无号之凶，终不可长也。

第四十四卦　姤 乾上巽下

姤：女壮，勿用取女。

《彖》曰：姤，遇也，柔遇刚也。勿用取女，不可与长也。天地相遇，品物咸章也。刚遇中正，天下大行也。姤之时义大矣哉！

《象》曰：天下有风，姤。后以施命诰四方。

初六：系于金柅，贞吉。有攸往，见凶，羸豕孚蹢躅。《象》曰：系于金柅，柔道牵也。

九二：包有鱼，无咎，不利宾。《象》曰：包有鱼，义不及宾也。

九三：臀无肤，其行次且，厉，无大咎。《象》曰：其行次且，行未牵也。

九四：包无鱼，起凶。《象》曰：无鱼之凶，远民也。

九五：以杞包瓜，含章，有陨自天。《象》曰：九五含章，中正也。有陨自天，志不舍命也。

上九：姤其角，吝，无咎。《象》曰：姤其角，上穷吝也。

第四十五卦　萃 兑上坤下

萃：亨。王假有庙，利见大人，亨，利贞。用大牲吉，利有攸往。

《彖》曰：萃，聚也；顺以说，刚中而应，故聚也。王假有庙，致孝享也。利见大人亨，聚以正也。用大牲吉，利有攸往，顺天命也。观其所聚，而天地万物之情可见矣。

《象》曰：泽上於地，萃。君子以除戎器，戒不虞。

初六：有孚不终，乃乱乃萃，若号，一握为笑，勿恤，往无咎。《象》曰：乃乱乃萃，其志乱也。

六二：引吉，无咎，孚乃利用禴。《象》曰：引吉无咎，中未变也。

六三：萃如嗟如，无攸利，往无咎，小吝。《象》曰：往无咎，上巽也。

九四：大吉，无咎。《象》曰：大吉无咎，位不当也。

九五：萃有位，无咎。匪孚，元永贞，悔亡。《象》曰：萃有位，志未光也。

上六：赍咨涕洟，无咎。《象》曰：赍咨涕洟，未安上也。

第四十六卦　升 坤上巽下

升：元亨，用见大人，勿恤，南征吉。

《彖》曰：柔以时升，巽而顺，刚中而应，是以大亨。用见大人勿恤，有庆也。南征吉，志行也。

《象》曰：地中生木，升。君子以顺德，积小以高大。

初六：允升，大吉。《象》曰：允升大吉，上合志也。

九二：孚乃利用禴，无咎。《象》曰：九二之孚，有喜也。

九三：升虚邑。《象》曰：升虚邑，无所疑也。

六四：王用亨于岐山，吉，无咎。《象》曰：王用亨于岐山，顺事也。

六五：贞吉，升阶。《象》曰：贞吉升阶，大得志也。

上六：冥升，利于不息之贞。《象》曰：冥升在上，消不富也。

第四十七卦　困 兑上坎下

困：亨，贞，大人吉，无咎。有言不信。

《彖》曰：困，刚掩也。险以说，困而不失其所亨，其唯君子乎？贞大人吉，以刚中也。有言不信，尚口乃穷也。

《象》曰：泽无水，困；君子以致命遂志。

初六：臀困于株木，入于幽谷，三岁不觌。《象》曰：入于幽谷，幽不明也。

九二：困于酒食，朱绂方来，利用亨祀，征凶，无咎。《象》曰：困于酒食，中有庆也。

六三：困于石，据于蒺藜，入于其宫，不见其妻，凶。《象》曰：据于蒺藜，乘刚也。入于其宫，不见其妻，不祥也。

九四：来徐徐，困于金车，吝，有终。《象》曰：来徐徐，志在下也。虽不当位，有与也。

九五：劓刖，困于赤绂，乃徐有说，利用祭祀。《象》曰：劓刖，志未得也。乃徐有说，以中直也。利用祭祀，受福也。

上六：困于葛藟，于臲卼，曰动悔有悔，征吉。《象》曰：困于葛藟，未当也。动悔有悔，吉行也。

第四十八卦　井　坎上巽下

井：改邑不改井，无丧无得，往来井井。汔至，亦未繘井，羸其瓶，凶。

《彖》曰：巽乎水而上水，井。井养而不穷也。改邑不改井，乃以刚中也。汔至亦未繘井，未有功也。羸其瓶，是以凶也。

《象》曰：木上有水，井。君子以劳民劝相。

初六：井泥不食，旧井无禽。《象》曰：井泥不食，下也。旧井无禽，时舍也。

九二：井谷射鲋，瓮敝漏。《象》曰：井谷射鲋，无与也。

九三：井渫不食，为我心恻。可用汲，王明，并受其福。《象》曰：井渫不食，行恻也。求王明，受福也。

六四：井甃，无咎。《象》曰：井甃无咎，修井也。

九五：井冽，寒泉食。《象》曰：寒泉之食，中正也。

上六：井收勿幕，有孚无吉。《象》曰：元吉在上，大成也。

第四十九卦　革　兑上离下

革：己日乃孚，元亨利贞，悔亡。

《彖》曰：革，水火相息，二女同居，其志不相得曰革。己日乃孚，革而信之。文明以说，大亨以正，革而当，其悔乃亡。天地革而四时成，汤武革命，顺乎天而应乎人。革之时大矣哉！

《象》曰：泽中有火，革。君子以治历明时。

初九：巩用黄牛之革。《象》曰：巩用黄牛，不可以有为也。

六二：己日乃革之，征吉，无咎。《象》曰：己日革之，行有嘉也。

九三：征凶，贞厉，革言三就，有孚。《象》曰：革言三就，又何之矣。

九四：悔亡，有孚改命，吉。《象》曰：改命之吉，信志也。

九五：大人虎变，未占有孚。《象》曰：大人虎变，其文炳也。

上六：君子豹变，小人革面，征凶，居贞吉。《象》曰：君子豹变，其文蔚也。小人革面，顺以从君也。

第五十卦　鼎　离上巽下

鼎：元吉，亨。

《彖》曰：鼎，象也。以木巽火，亨饪也。圣人亨以享上帝，而大亨以养圣贤。巽而耳目聪明，柔进而上行，得中而应乎刚，是以元亨。

《象》曰：木上有火，鼎。君子以正位凝命。

初六：鼎颠趾，利出否，得妾以其子，无咎。《象》曰：鼎颠趾，未悖也。利出否，以从贵也。

九二：鼎有实，我仇有疾，不我能即，吉。《象》曰：鼎有实，慎所之也。我仇有疾，终无尤也。

九三：鼎耳革，其行塞，雉膏不食，方雨亏悔，终吉。《象》曰：鼎耳革，失其义也。

九四：鼎折足，覆公𫗧，其形渥，凶。《象》曰：覆公𫗧，信如何也。

六五：鼎黄耳金铉，利贞。《象》曰：鼎黄耳，中以为实也。

上九：鼎玉铉，大吉，无不利。《象》曰：玉铉在上，刚柔节也。

第五十一卦　震　震上震下

震：亨。震来虩虩，笑言哑哑。震惊百里，不丧匕鬯。

《象》曰：震，亨。震来虩虩，恐致福也。笑言哑哑，后有则也。震惊百里，惊远而惧迩也。出可以守宗庙社稷，以为祭主也。

《象》曰：洊雷，震。君子以恐惧修身。

初九：震来虩虩，后笑言哑哑，吉。《象》曰：震来虩虩，恐致福也。笑言哑哑，后有则也。

六二：震来厉，亿丧贝，跻于九陵，勿逐，七日得。《象》曰：震来厉，乘刚也。

六三：震苏苏，震行，无眚。《象》曰：震苏苏，位不当也。

九四：震遂泥。《象》曰：震遂泥，未光也。

六五：震往来厉，亿无丧，有事。《象》曰：震往来厉，危行也。其事在中，大无丧也。

上六：震索索，视矍矍，征凶。震不于其躬，于其邻，无咎。婚媾有言。《象》曰：震索索，中未得也。虽凶无咎，畏邻戒也。

第五十二卦　艮　艮上艮下

艮：艮其背，不获其身，行其庭，不见其人，无咎。

《象》曰：艮，止也。时止则止，时行则行，动静不失其时，其道光明。艮其止，止其所也。上下敌应，不相与也。是以不获其身，行其庭不见其人，无咎也。

《象》曰：兼山，艮。君子以思不出其位。

初六：艮其趾，无咎，利永贞。《象》曰：艮其趾，未失正也。

六二：艮其腓，不拯其随，其心不快。《象》曰：不拯其随，未退听也。

九三：艮其限，列其夤，厉薰心。《象》曰：艮其限，危薰心也。

六四：艮其身，无咎。《象》曰：艮其身，止诸躬也。

六五：艮其辅，言有序，悔亡。《象》曰：艮其辅，以中正也。

上九：敦艮，吉。《象》曰：敦艮之吉，以厚终也。

第五十三卦　渐　巽上艮下

渐：女归吉，利贞。

《象》曰：渐之进也，女归吉也。进得位，往有功也。进以正，可以正邦也。其位，刚得中也。止而巽，动不穷也。

《象》曰：山上有木，渐。君子以居贤德善俗。

初六：鸿渐于干，小子厉，有言，无咎。《象》曰：小子之厉，义无咎也。

六二：鸿渐于磐，饮食衎衎，吉。《象》曰：饮食衎衎，不素饱也。

九三：鸿渐于陆，夫征不复，妇孕不育，凶，利御寇。《象》曰：夫征不复，离群丑也。妇孕不育，失其道也。利用御寇，顺相保也。

六四：鸿渐于木，或得其桷，无咎。《象》曰：或得其桷，顺以巽也。

九五：鸿渐于陵，妇三岁不孕，终莫之胜，吉。《象》曰：终莫之胜，吉，得所愿也。

上九：鸿渐于陆，其羽可用为仪，吉。《象》曰：其羽可用为仪，吉，不可乱也。

第五十四卦　归妹 震上兑下

归妹：征凶，无攸利。

《彖》曰：归妹，天地之大义也。天地不交，而万物不兴。归妹，人之终始也。说以动，所归妹也。征凶，位不当也。无攸利，柔乘刚也。

《象》曰：泽上有雷，归妹。君子以永终知敝。

初九：归妹以娣，跛能履，征吉。《象》曰：归妹以娣，以恒也。跛能履吉，相承也。

九二：眇能视，利幽人之贞。《象》曰：利幽人之贞，未变常也。

六三：归妹以须，反归以娣。《象》曰：归妹以须，未当也。

九四：归妹愆期，迟归有时。《象》曰：愆期之志，有待而行也。

六五：帝乙归妹，其君之袂，不如其娣之袂良，月几望，吉。《象》曰：帝乙归妹，不如其娣之袂良也。其位在中，以贵行也。

上六：女承筐无实，士刲羊无血，无攸利。《象》曰：上六无实，承虚筐也。

第五十五卦　丰 震上离下

丰：亨，王假之，勿忧，宜日中。

《彖》曰：丰，大也。明以动，故丰。王假之，尚大也。勿忧宜日中，宜照天下也。日中则昃，月盈则食，天地盈虚，与时消息，而况於人乎？况於鬼神乎？

《象》曰：雷电皆至，丰。君子以折狱致刑。

初九：遇其配主，虽旬无咎，往有尚。《象》曰：虽旬无咎，过旬灾也。

六二：丰其蔀，日中见斗，往得疑疾，有孚发若，吉。《象》曰：有孚发若，信以发志也。

九三：丰其沛，日中见沫，折其右肱，无咎。《象》曰：丰其沛，不可大事也。折其右肱，终不可用也。

九四：丰其蔀，日中见斗，遇其夷主，吉。《象》曰：丰其蔀，位不当也。日中见斗，幽不明也。遇其夷主，吉行也。

六五：来章，有庆誉，吉。《象》曰：六五之吉，有庆也。

上六：丰其屋，蔀其家，窥其户，阒其无人，三岁不觌，凶。《象》曰：丰其屋，天际翔也。窥其户，阒其无人，自藏也。

第五十六卦　旅 离上艮下

旅：小亨，旅贞吉。

《彖》曰：旅，小亨，柔得中乎外，而顺乎刚，止而丽乎明，是以小亨，旅贞吉也。旅之时义大矣哉！

《象》曰：山上有火，旅。君子以明慎用刑，而不留狱。

初六：旅琐琐，斯其所取灾。《象》曰：旅琐琐，志穷灾也。

六二：旅即次，怀其资，得童仆贞。《象》曰：得童仆贞，终无尤也。

九三：旅焚其次，丧其童仆，贞厉。《象》曰：旅焚其次，亦以伤矣。以旅与下，其义丧也。

九四：旅于处，得其资斧，我心不快。《象》曰：旅于处，未得位也。得其资斧，心未快也。

六五：射雉，一矢亡，终以誉命。《象》曰：终以誉命，上逮也。

上九：鸟焚其巢，旅人先笑后号咷。丧牛于易，凶。《象》曰：以旅在上，其义焚也。丧牛于易，终莫之闻也。

第五十七卦　巽 巽上巽下

巽：小亨，利有攸往，利见大人。

《彖》曰：重巽以申命，刚巽乎中正而志行。柔皆顺乎刚，是以小亨，利有攸往，利见大人。

《象》曰：随风，巽。君子以申命行事。

初六：进退，利武人之贞。《象》曰：进退，志疑也。利武人之贞，志治也。

九二：巽在床下。用史巫纷若，吉，无咎。《象》曰：纷若之吉，得中也。

九三：频巽，吝。《象》曰：频巽之吝，志穷也。

六四：悔亡，田获三品。《象》曰：田获三品，有功也。

九五：贞吉，悔亡，无不利。无初有终，先庚三日，后庚三日，吉。
《象》曰：九五之吉，位正中也。

上九：巽在床下，丧其资斧，贞凶。《象》曰：巽在床下，上穷也。
丧其资斧，正乎凶也。

第五十八卦　兑　兑上兑下

兑：亨，利贞。

《彖》曰：兑，说也。刚中而柔外，说以利贞，是以顺乎天而应乎
人。说以先民，民忘其劳。说以犯难，民忘其死。说之大，民劝矣哉！

《象》曰：丽泽，兑。君子以朋友讲习。

初九：和兑，吉。《象》曰：和兑之吉，行未疑也。

九二：孚兑，吉，悔亡。《象》曰：孚兑之吉，信志也。

六三：来兑，凶。《象》曰：来兑之凶，位不当也。

九四：商兑未宁，介疾有喜。《象》曰：九四之喜，有庆也。

九五：孚于剥，有厉。《象》曰：孚于剥，位正当也。

上六：引兑。《象》曰：上六引兑，未光也。

第五十九卦　涣　巽上坎下

涣：亨。王假有庙，利涉大川，利贞。

《彖》曰：涣，亨。刚来而不穷，柔得位乎外而上同。王假有庙，
王乃在中也。利涉大川，乘木有功也。

《象》曰：风行水上，涣。先王以享于帝，立庙。

初六：用拯马壮，吉。《象》曰：初六之吉，顺也。

九二：涣奔其机，悔亡。《象》曰：涣奔其机，得愿也。

六三：涣其躬，无悔。《象》曰：涣其躬，志在外也。

六四：涣其群，元吉。涣有丘，匪夷所思。《象》曰：涣其群元吉，光大也。

九五：涣汗其大号，涣王居，无咎。《象》曰：王居无咎，正位也。

上九：涣其血，去逖出，无咎。《象》曰：涣其血，远害也。

第六十卦　节 坎上兑下

节：亨。苦节，不可贞。

《彖》曰：节，亨，刚柔分，而刚得中。苦节不可贞，其道穷也。说以行险，当位以节，中正以通。天地节而四时成，节以制度，不伤财，不害民。

《象》曰：泽上有水，节。君子以制数度，议德行。

初九：不出户庭，无咎。《象》曰：不出户庭，知通塞也。

九二：不出门庭，凶。《象》曰：不出门庭凶，失时极也。

六三：不节若，则嗟若，无咎。《象》曰：不节之嗟，又谁咎也。

六四：安节，亨。《象》曰：安节之亨，承上道也。

九五：甘节，吉，往有尚。《象》曰：甘节之吉，居位中也。

上六：苦节，贞凶，悔亡。《象》曰：苦节贞凶，其道穷也。

第六十一卦　中孚　巽上兑下

中孚：豚鱼吉，利涉大川，利贞。

《彖》曰：中孚，柔在内而刚得中，说而巽，孚乃化邦也。豚鱼吉，信及豚鱼也。利涉大川，乘木舟虚也。中孚以利贞，乃应乎天也。

《象》曰：泽上有风，中孚。君子以议狱缓死。

初九：虞吉，有他不燕。《象》曰：初九虞吉，志未变也。

九二：鸣鹤在阴，其子和之。我有好爵，吾与尔靡之。《象》曰：其子和之，中心愿也。

六三：得敌，或鼓或罢，或泣或歌。《象》曰：或鼓或罢，位不当也。

六四：月几望，马匹亡，无咎。《象》曰：马匹亡，绝类上也。

九五：有孚挛如，无咎。《象》曰：有孚挛如，位正当也。

上九：翰音登于天，贞凶。《象》曰：翰音登于天，何可长也。

第六十二卦　小过　震上艮下

小过：亨，利贞，可小事，不可大事。飞鸟遗之音，不宜上，宜下，大吉。

《彖》曰：小过，小者过而亨也。过以利贞，与时行也。柔得中，是以小事吉也。刚失位而不中，是以不可大事也。有飞鸟之象焉，飞鸟遗之音，不宜上宜下，大吉；上逆而下顺也。

《象》曰：山上有雷，小过。君子以行过乎恭，丧过乎哀，用过乎俭。

初六：飞鸟以凶。《象》曰：飞鸟以凶，不可如何也。

六二：过其祖，遇其妣；不及其君，遇其臣。无咎。《象》曰：不及其君，臣不可过也。

九三：弗过防之，从或戕之，凶。《象》曰：从或戕之，凶如何也。

九四：无咎，弗过遇之。往厉必戒，勿用永贞。《象》曰：弗过遇之，位不当也。往厉必戒，终不可长也。

六五：密云不雨，自我西郊，公弋取彼在穴。《象》曰：密云不雨，已上也。

上六：弗遇过之，飞鸟离之，凶，是谓灾眚。《象》曰：弗遇过之，已亢也。

第六十三卦 既济 坎上离下

既济：亨小，利贞，初吉终乱。

《象》曰：既济，亨，小者亨也。利贞，刚柔正而位当也。初吉，柔得中也。终止则乱，其道穷也。

《象》曰：水在火上，既济。君子以思患而豫防之。

初九：曳其轮，濡其尾，无咎。《象》曰：曳其轮，义无咎也。

六二：妇丧其茀，勿逐，七日得。《象》曰：七日得，以中道也。

九三：高宗伐鬼方，三年克之，小人勿用。《象》曰：三年克之，愈也。

六四：繻有衣袽，终日戒。《象》曰：终日戒，有所疑也。

九五：东邻杀牛，不如西邻之禴祭，实受其福。《象》曰：东邻杀牛，不如西邻之时也。实受其福，吉大来也。

上六：濡其首，厉。《象》曰：濡其首厉，何可久也。

第六十四卦　未济　离上坎下

未济：亨，小狐汔济，濡其尾，无攸利。

《象》曰：未济，亨，柔得中也。小狐汔济，未出中也。濡其尾，无攸利，不续终也。虽不当位，刚柔应也。

《象》曰：火在水上，未济。君子以慎辨物居方。

初六：濡其尾，吝。《象》曰：濡其尾，亦不知极也。

九二：曳其轮，贞吉。《象》曰：九二贞吉，中以行正也。

六三：未济，征凶，利涉大川。《象》曰：未济征凶，位不当也。

九四：贞吉，悔亡，震用伐鬼方，三年有赏于大国。《象》曰：贞吉悔亡，志行也。

六五：贞吉，无悔，君子之光有孚，吉。《象》曰：君子之光，其晖吉也。

上九：有孚于饮酒，无咎，濡其首，有孚失是。《象》曰：饮酒濡首，亦不知节也。

附录 B 计算机体系结构设计原理的《易经》模型[*]

摘　要　《易经》是中华民族的宝贵文化遗产，它包含上古时期人们对自然、宇宙和人类社会的认知、理念和辩证法，代表了先民把握宇宙的哲学思考成果。现代科学的许多重大发现和突破（如二进制、原子结构、生物遗传 DNA 等学科理论）都可以从八卦和六十四卦模型中发现与之对应的形态和哲学思维。计算机体系结构设计原理（PPCAD）应是《易经》这种形态和思维的一种自然现象和映射对象，利用八卦和六十四卦哲学思维和策略，提供 PPCAD 的思路和策略是本文的目标。本文依据 PPCAD 中的基本推演理念，提炼出 4 对基本的对立统一推演关系，并根据这 4 对基本关系构造了新的《易经》八卦及六十四卦。同时，结合体系结构设计中的层次模型方法，指出了《易经》层次模型的特点及动态性。为了便于对 PPCAD《易经》模型的理解，我们选择了 10 个新卦的例子加以说明和表达，同时也给出了一些 PPCAD 原则和策略的新观察。需要指出的是，我们的新《易经》模型方法不但可用于计算机体系结构的设计，也可尝试用于其他复杂系统的设计原理。最后，

---

　*　林闯. 计算机体系结构设计原理的易经模型[J]. 电子学报, 2016 年 6 月.

对全文进行了总结，并对下一步的研究进行了展望。

关键词：计算机体系结构、设计原理、易经、易传、模型。

B.1 引　　言

随着计算机软、硬件技术的不断进步和发展，尤其计算机网络、互联网+和云计算的出现与发展，计算机体系结构设计成为了目前学术界和工业界的研究核心，其基本设计理念更是核心中的核心。

在初始的计算机体系结构的定义中主要关注指令集的设计，而在如今的计算机体系结构[1-3]中则远远超越了对指令集的关注。在广泛的意义上，计算机体系结构是抽象层次的设计，允许使用有效的制造技术来完成信息处理应用。

计算机体系结构设计原理主要关注计算机系统[4]的概念结构和功能行为（操作效率和模式）。在 PPCAD 中，技术在以不可预测的速度发生着改变，但层次模型及其设计方法的核心理念却依然没有变化。这些理念可以帮助我们更好地管理系统的复杂性，提高系统设计的效率。

《易经》一书包括《周易》本经[5-7]和《易传》[8]两部分。《周易》是西周（公元前 1046 年—公元前 771 年）初年的作品。据司马迁的《史记》记载："伏羲至纯厚，作易八卦。"据传，在殷商末年，周文王写下了六十四卦的卦辞。《周易》原为算卦（卜筮）的书，但它包含上古时期人们对世界和社会的思想认识、朴实哲学理念和辩证法，讲的是理、象、数、占。"以立天之道，曰阴与阳。立地之道，曰柔与刚。立人之道，曰仁与义。"

《易传》是对《易经》最早的注解和解说，成书于战国时期（前 475—前 221），其学说源于孔子，具体成于孔子后学之手。《易传》使《周易》完成了从占筮之学到哲学的过渡。注重语法（《象》传），取决语意（《彖》传）和爻辞（言乎变）。占断与所象之间往往有哲理与逻辑上的联系，反映作者的思路、理念和价值观。

《易传·系辞上传》说："一阴一阳之谓道"。所谓阴阳，是古代中国人发明的一对哲学概念，大凡自然界或人类社会中一切相互对立的现象与事物，都可以用阴阳来表示。它们互相依存、互相为用；其运动是以此消彼长的形式进行的，处于动态平衡状态的变化之中。

《易经》是中华民族的宝贵文化遗产，它包含上古时期人们对自然、宇宙和人类社会的思想认识、哲学理念和辩证法。现代科学的许多重大发现和突破（如二进制、原子结构、生物遗传物质 DNA 等学科理论)都可以从八卦和六十四卦模型变化中发现与之对应的形态和哲学思维。PPCAD 应是《易经》这种形态和思维的一种自然现象和映射对象，利用八卦和六十四卦哲学思路和策略，提供 PPCAD 的原则和策略是本文的目标。

首先，本书依据 PPCAD 推演中的基本理念，提炼出了 4 对基本对立统一推演关系，并根据这 4 对基本关系构造了新的《易经》八卦及六十四卦。其次，结合 PPCAD 中的层次模型方法，指出了《易经》的层次模型的特点及动态性。随后，为了便于对 PPCAD《易经》模型的理解，我们选择了 10 个新卦的例子加以说明和表达。最后，对全文进行了总结，并对下一步的研究进行了展望。

B.2 体系结构设计中的基本理念和对立统一关系

在初始的计算机体系结构的定义中主要关注指令集的设计，而在如今的计算机体系结构中则远远超越了对指令集的关注。在广泛的意义上，计算机体系结构是抽象层次的设计，允许使用有效的制造技术来完成信息处理应用。

计算机体系结构设计主要关注的是计算机系统的概念结构和功能行为，而不是数据流和控制的组织、逻辑设计和物理实现[9]。

计算机体系结构设计的一个核心问题是提高计算机运行和服务的效率问题，针对这个问题的有效设计理念包括：

（1）发挥并行的优势。

① 通过多处理器或多硬盘来增加服务计算机的吞吐量。

② 流水线操作：将一条指令的执行分割成几个步骤，交叠指令的执行以减少指令序列执行的总时间。

（2）定位（Locality）原理。

① 时间定位：如果一个条目被涉及，那么倾向它不久将再被涉及。

② 空间定位：如果一个条目被涉及，那么倾向与其地址临近的条目不久将被涉及。

（3）聚焦常见情况。

在做设计折中考虑时，将优先考虑常见情况，而不是异常情况。

老子曰："大道至简"。计算机体系结构的基础思想理念并没有发生根本性变化，事物发展呈螺旋式上升，表现出更高级的表达形式，即"道，可道，非常道；名，可名，非常名。"[10]

从根本设计理念来看，分布式、并行的大规模计算机系统（如数据中心和计算机网络）都可抽象看作是一台计算机[11]。多个节点和部件地理位置可分散，计算、I/O 与存储可分离，它们可由网络连接，以及并行地执行它们的操作模式。系统的组成不论是硬件还是软件，都可以看作是服务部件[12]，它们的发展变化的结构性质都可以用刚、柔特性来表达。

因此，从 PPCAD 来看，主要涉及如下 4 个方面：

（1）空间。表示节点、部件的拓扑关系和位置分布。

（2）时间。表示系统操作、行为的执行时序。

（3）服务。表示系统服务的供给与需求的关键要素。

（4）结构。表示体系结构及其模块和层次的刚、柔性质。

推动计算机体系结构发展进程（螺旋式上升）的 4 个方面所对应的 4 对基本对立统一的推演关系为：

（1）空间。集中到分散。

（2）时间。串行到并行。

（3）服务。供给到需求。

（4）结构。刚性到柔性。

在计算机体系结构中，基本关系都有具体的表达和含义。具体地讲，这 4 种基本对立统一关系及其模型含义如表 B.1 所示。

表 B.1　4 对基本对立统一关系的模型含义

模型	含 义	
空间	节点、部件的拓扑关系和位置分布	
	集中	常见形状包括：一体、总线和集成等
	分散	常见形状包括：P2P、网状和树状等
时间	操作、行为的执行时序	
	串行	按序执行
	并行	并行执行
服务	系统服务质量的关键要素	
	供给	硬件、软件、策略和操作等
	需求	用户、应用、环境和发展要求等
结构	体系结构及其模块和层次的性质	
	刚性	标准、协议、平台以及界面等刚健、孤独之物
	柔性	环境、应用、软件以及数据等可变、双两之物

B.3　基本对立统一关系的八卦及

六十四卦模型

在 B.2 节中介绍了 PPCAD 中所抽象的最基本对立统一关系，它们以不同的方式、从不同的角度刻画 PPCAD 中的多个设计目标及其推演。在本节中将给出 4 对关系所对应的八卦模型，以及由八卦组合成的六十四卦。

八卦是对宇宙万物中相反属性的事物进行推演变化的模型思考，计算机体系结构模型应是这种思考的一种自然现象的模型和映射。利用八卦哲学的思路和策略，可以提供计算机体系结构设计的原则和策略。

《易传·系辞上传》曰："生生之谓易，成象之谓乾，效法之谓坤，极数知来之谓占，通变之谓事，阴阳不测之谓神。""通变"和"不测"可以对计算机体系结构的理解和发展起到指导作用。

B.3.1　PPCAD 基本理念的新八卦和六十四卦

要给出新的八卦模型，PPCAD 的 4 对基本对立统一关系与《易经》八卦的 4 对基本对立统一关系的一一映射是关键。老子曰："道法自然。"[10]按自然法则进行映射。

《易传》曰："乾知大始，坤作成物。"集中是计算机结构的开始，分散是计算机结构的发展。集中和分散是计算机部件连接形状和位置分布的表达。

《系辞·上传》曰："刚柔相摩，八卦相荡。"山为刚，泽为柔，刚、柔是系统体系结构性质的主要表达。

水在河流中顺序流动，火的燃烧并发而行，且有多个火头。水与火的行进与计算机的串行与并行操作相类似。

雷为实，风为虚。供给与需求的性质同雷与风的性质雷同。

按照《易传》"天地定位，山泽通气，水火相逮，雷风不相悖"的关系属性，有如表 B.2 的对应表达。

表 B.2　对应关系表达的比较

原有对应关系	新对应关系	表达
天(君)—地(藏)	集中—分散(集—散)	定位
山(止)—泽(说)	刚性—柔性(刚—柔)	通气
火(离)—水(入)	并行—串行(并—串)	相逮
雷(动)—风(散)	供给—需求(供—需)	不相悖

确定了 PPCAD 的 4 对基本对立统一关系及它们与原《易经》中的 4 对基本对立统一关系的对应表达，就可得到 PPCAD 的新八卦模型，如图 B.1 所示。进而可得到 PPCAD 的新六十四卦模型，如图 B.2 所示。在六十四卦中，每一个别卦由两个经卦组成。它的上经卦叫上卦，或者叫外卦；它的下经卦叫下卦，或者叫内卦。卦义以主题（发展方

向）经卦为主，副题经卦为辅。

图 B.1　PPCAD 基本理念的八卦图

B.3.2　新易经的解语

我们在 PPCAD 的新八卦中做了如下映射：集—乾、散—坤、供—震、需—巽、刚—艮、柔—兑，如同《易经》已有下列映射一样：天—乾、地—坤、雷—震、风—巽、山—艮、泽—兑。本经和《易传》中的一切解语都没有变化，变化的是经卦的名称和对应的计算机系统的物理概念。我们的目标是应用《易经》来模拟 PPCAD，并抽象出新的设计原则和思路。

"三十六计[13]"是《易经》应用的经典例证，三十六计中的多数解语都选用《易经》的思维认识和哲学理念作为依据，即以"易"演兵。

上卦 下卦	集 乾、天	柔 兑、泽	并 离、火	供 震、雷	需 巽、风	串 坎、水	刚 艮、山	分 坤、地
集 乾、天	乾卦 第一	夬卦 第四十三	大有卦 第十四	大壮卦 第三十四	小畜卦 第九	需卦 第五	大畜卦 第二十六	泰卦 第十一
柔 兑、泽	履卦 第十	兑卦 第五十八	睽卦 第三十八	归妹卦 第五十四	中孚卦 第六十一	节卦 第六十	损卦 第四十一	临卦 第十九
并 离、火	同人卦 第十三	革卦 第四十九	离卦 第三十	丰卦 第五十五	家人卦 第三十七	既济卦 第六十三	贲卦 第二十二	明夷卦 第三十六
供 震、雷	无妄卦 第二十五	随卦 第十七	噬嗑卦 第二十一	震卦 第五十一	益卦 第四十二	屯卦 第三	颐卦 第二十七	复卦 第二十四
需 巽、风	姤卦 第四十四	大过卦 第二十八	鼎卦 第五十	恒卦 第三十二	巽卦 第五十七	井卦 第四十八	蛊卦 第十八	升卦 第四十六
串 坎、水	讼卦 第六	困卦 第四十七	未济卦 第六十四	解卦 第四十	涣卦 第五十九	坎卦 第二十九	蒙卦 第四	师卦 第七
刚 艮、山	遁卦 第三十三	咸卦 第三十一	旅卦 第五十六	小过卦 第六十二	渐卦 第五十三	塞卦 第三十九	艮卦 第五十二	谦卦 第十五
分 坤、地	否卦 第十二	萃卦 第四十五	晋卦 第三十五	豫卦 第十六	观卦 第二十	比卦 第八	剥卦 第二十三	坤卦 第二

图 B.2　计算机体系结构的新六十四卦

三十六计用《易经》的阴阳变理,推演战争中的基本对立统一关系的相互转化,使每一计都含有朴实的军事辩证法的色彩。

三十六计分为 6 套计策,即将敌我双方力量对比强弱和程度分成 6 种情景。在每套计策中,按基本对立统一关系各给出一种计策。

PPCAD 八卦模型的思路与三十六计有一些相同,也有所不同。我们有完整的八卦和六十四卦模型,每一卦都有它的思维认识和哲学理念作为 PPCAD 中理念抽象的依据,以"易"演"算"。

我们的基本对立统一关系可以交叠在一起,如同经卦交叠成别卦一样,可阐述我们的多目标、多关系的设计理念。

如何读懂《易经》新的映射,并抽象出我们的设计理念?对《易经》卦的理解和表达方法可有取义说、取象说和爻位说。

学习三十六计的思路,做到"数中有术,术中有数","解语重数不重理。盖理,术语自明;而数则在言外"。

我们注重卦象—哲理—理念的抽象过程,通过对应的卦象观察,经过卦中所阐述的主要思维认识和哲学理念,最后可以抽象得到相应模型的 PPCAD 基本理念表达。

B.3.3　易经的层次模型

为了表达计算机体系结构的重要层次设计理念,《易经》模型也要有层次模型的表达。《易经》本质就是层次模型,我们从两个层面来论述卦的层次关系。

首先，描述《易经》卦的层次模型。

（1）六十四卦的每一卦是由八卦的两个经卦相叠而形成，每个经卦有其独立的卦形和卦意。因此，卦象有上下两层，也可说有内外之分。

（2）六十四卦的每一卦中有六爻，爻层在经卦层次之间可以跨越。如在第二十一卦即噬嗑卦中的"柔得中而上行"。

现在，描述《易经》六爻的层次模型。

（1）六爻层从下往上数，反映占筮预测未知的特质，表示物体由下而上的位置，或事物渐进、发展的先后与过程。同计算机结构层次过程的表达方法一样。

（2）可明显表达天、地、人之位的三维空间，即初、二为地位，三、四为人位，五、上为天位，既所谓"三才"。《易传》曰："六爻之动，三极之道也。"

（3）《易经》中可有两类爻层。阳爻层代表刚健、粗大、动荡、孤独之物，阴爻层代表柔顺、细小、静止、双两之物。

从对《易经》层次模型的描述中，可以知道《易经》有如下特点。

（1）《易经》层次模型的变化性。《易传·系辞下传》曰："八卦成列，象在其中矣。因而重之，爻在其中矣。刚柔相推，变在其中矣。"

（2）《易经》模型和推演可以自然形成抽象与虚拟概念：六爻的层

次由底向上逐层抽象。大多数情况下，五位最尊，阳爻更甚，有谓"九五之尊"。另外，在《易经》卦的推演中，可以充分表达抽象与虚拟层次模型的语意，见下面举例。

从上述论述中可以得出，《易经》层次模型语意丰富，并超越现有计算机体系结构层次模型的语意，尤其是层次相互作用，对将来层次模型设计应有新指引。《易经》的层次模型是我们迄今所知的最早的层次模型，是最富动态变化的层次模型。

B.4　设计理念与对应卦的举例

为了便于对 PPCAD《易经》模型的理解，也为了说明新《易经》模型对 PPCAD 的指导作用，我们选择了 10 个例子，给出了作者初步的抽象和理解，希望对读者有所帮助，当然读者也可以有自己不同的抽象和理解。

每个例子对应一卦，也对应一个 PPCAD 理念。10 个 PPCAD 理念涵盖了很多当前 PPCAD 的基本原则和新发展及新思路，其余对《易经》卦的理解和 PPCAD 理念的提出是我们未来的工作。在例子中，我们注重了卦象—哲理—理念的抽象过程，通过对应的卦象观察，理解卦中所阐述的主要思维认识和哲学理念，最后可以抽象得到相应 PPCAD 理念的表达。

例1 串行供给—动而免险—可计算性

第四十卦：解卦。卦象：串行在下供给在上，串行是阴卦，供给是阳卦，为异卦相叠。

本卦描述了一种哲学计算模型,基本思路是可将一个问题的计算分拆为一系列操作，按串行序列进行。《象》曰："动而免乎险，解。"意思是指，如果能够做下去，就有解；否则，就危险，无解。《象》曰："解之时大唉哉！"可计算性的意义重大,是计算机的重要基础理论模型。1936年图灵机[14]（Turing Machine）的提出也是基于同样的哲学思想，随后图灵又提出了图灵机的形式化模型。

例2 集中叠加—集中有散—超算

第一卦：乾卦。卦象：集上集下，是集中叠加，集中是阳卦，为阳卦相叠。

三十六计中的第一计曰："阴在阳之内，不在阳之对。太阳，太阴。"集中之中必有分散连接，集中与分散可以相互转化；强化集中，也要强化分散连接。反之亦然。

集中再集中是超级计算机的思路，例如从超级计算机[15]、Data Center[16]到云计算[17-18]等。超算会遇到各种挑战和障碍"墙"，集中有散是解决之道。《象》曰："天德，不可为首也。"集散互换，没有先后，没有首领，集散联合起来可获得更大成功。

例 3　需求刚性—柔止于刚—虚拟

第十八卦：蛊卦。卦象：需下刚上，下卦需求为柔，为阴卦，上卦刚性，为阳卦，阳阴相叠。

柔性可表达为系统的多个不同（或相同）需求的部件。《象》曰："巽而止，蛊。"统一在规定的刚性界面下服务。可以将物理部件看作逻辑部件，部件柔顺而静止。如三十六计中的第二十一计所说的界面"存其形，完其势"，对应于体系结构设计中的虚拟设计策略[19-20]。

例 4　集中柔性—刚决柔—抽象

第四十三卦：夬卦。卦象：集中在下，柔性在上，柔乘五刚之象。

《象》曰："夬，决也，刚决柔也。"将柔性的多样性统一抽象为刚性的一致标准或界面，如三十六计中的第五计所说："就势取利，刚决柔也"。《象》曰："健而说，决而和。"抽象得到的系统稳健而和谐。

例 5　刚性柔性—刚柔感应—可控制

第三十一卦：咸卦。卦象：刚性在下，柔性在上，阳阴相叠。

在本卦所描述的系统中，内部统一的平台界面或标准为刚，外部的应用环境或控制程序为柔。《象》曰："咸，感也。柔上而刚下，二气感应以相与。"内外相互感应感知，紧密结合，表现为系统设计的可控制性。

以 SDN[21]为例，软件定义的控制程序为柔，OpenFlow[22]标准界面为刚。但 SDN 在控制程序与 OpenFlow 界面互相感应的可控性和系统的可部署性及性能等方面需要进一步的发展。

例6　分散并行—空间换时间—并行效率

第三十五卦：晋卦。卦象：分散在下，并行上。阴柔之爻由初位上升至六五爻位，柔进而上行。

《象》曰："晋，进也。明出地上，顺而丽乎大明。"分散基础之上进行并行操作，操作执行上等于空间换时间，充分发挥并行操作的优势，提高执行效率，顺而亮丽，进展可蒸蒸日上。

例7　并行柔性—顺天应人—顺应变革

第四十九卦：革卦。卦象：并行在下，柔性在上。并卦主爻是阴爻，柔卦又是阴卦，其志不相得。

并行操作与柔性要求会有冲突，需要变革。《象》曰："顺乎天而应乎人。"体系结构设计要顺应变革，顺应时代和人们的柔性要求，变革的意义才重大。

变革式体系结构设计思路又称为"clean-slate"[23]，其出发点是突破现有限制，放弃现有的体系结构，重新设计新一代体系结构，从根本上解决现有体系结构存在的问题。例如，OpenFlow[24]、NDN[25]等网络都是基于这一思路进行的设计。

例8 供给并行—柔得中上行—可管理

第二十一卦：噬嗑卦。卦象：供给在下，并行在上。六二居下供给中间，向上运动成为六五。

《象》曰："刚柔分，动而明，雷电合而章，柔得中而上行，虽不当位，利用狱也。"供给的刚性要求和并行中的柔性操作本来是分开的，但在系统执行中，供给中的不确定性可以上升为并行中的柔性操作，在执行中反馈。供给与并行结合起来得到章法，有利于系统的管理。

例9 柔性集中—以柔克刚—可演进

第十卦：履卦。卦象：柔性在下，集中在上，阴爻的柔踩在阳爻的刚上。

《象》曰："履，柔履刚也。"柔性在下，从循环关系和规律上说，下柔必冲破上刚，于是出现"柔克刚"之象，柔性变化改变了刚性的规定，即系统演进的进程。

演进式设计思路又称为"dirty-slate"[26-27]。其思路是针对现有体系结构存在的不足进行增量式的修补，如解决网络地址问题的 CIDR 协议以及解决传输服务质量问题的 CDN 体系结构[28]等。体系结构的发展会不断地寻求新的平衡点,而任何对技术形态的一种最终预测都是不准确也不必要的。

例10 需求并行—柔进应刚—可扩展

第五十卦：鼎卦。卦象：需求在下，并行在上。本卦初爻为阴为柔，可升到六五爻，地位上升。

《象》曰："柔进而上行；得中而应乎刚。"需求、扩展是风火燎原之象，而柔进得中应刚，是说需求的柔性要求不断改进，适用刚性的规定。上九《象》曰："刚柔节也。"刚柔得到调节，进而达到系统可扩展[29]。

B.5 总结与展望

计算机体系结构是计算机科学技术、网络和应用的发展核心，在计算机发展中 PPCAD 起着引领作用。到目前为止，PPCAD 虽有一些原则和思想方面的突破，但急需一个完整、有效的设计理念体系和模型。本书作者认为，《易经》作为中华民族的宝贵文化遗产，代表了先民哲学地把握宇宙的思维成果。PPCAD 可以从《易经》六十四卦模型变化中发现与之对应的形态和哲学思维，并提供一个完整、有效的 PPCAD 体系和模型。通过我们的初步工作，相信读者可以看出一些端倪。通过 PPCAD 与对应卦的举例，可以看到一些 PPCAD 原则和策略的新观察。也可以看到，《易经》层次模型语义丰富，尤其是层次的相互作用对将来层次模型设计应有新的指引。

本书仅仅初涉了《易经》在 PPCAD 中的应用。以"易"演"算"及对《易经》及其每一卦的全新理解和提出 PPCAD 的新理念是我们下一步工作的方向。在六十四卦中，我们认为各个卦并不是截然分开的，而是相互包含，相互交错，表现为一个整体。研究各个卦之间的相互关系，并抽象出相应的 PPCAD 有效原则，是亟待解决的研究难点之一。

此外，计算机体系结构的设计和分析是一个研究的两个方面。根据新《易经》模型的 4 个基本对立统一关系，计算机体系结构的分析应有四维性能参数与之对应。如何在多目标评价与优化中根据不同目标之间的关系，建立全面、系统的多目标评价与优化理论，设计普适性的数学模型和方法，是亟待解决的研究难点，也是计算机学科中评价与优化理论的一个发展方向[30]。

参考文献

[1] Patterson D A, Hennessy J L. Computer Organization and Design: the Hardware/ Software Interface[M]. Newnes, 2013.

[2] 杨鹏, 吴家皋. 基于交互、面向服务的新一代网络体系结构模型研究[J]. 电子学报, 2005, 33(5): 804-809.

[3] Shiva S G. Computer Organization, Design, and Architecture[M]. CRC Press, 2013.

[4] 顾明, 赵曦滨, 郭陟, 等. 现代操作系统的思考[J]. 电子学报, 2002, 12.

[5] 中华传世名著经典文库. 周易[M]. 乌鲁木齐: 新疆人民出版社, 2003.

[6] 高亨. 周易大传今注[M]. 北京: 清华大学出版社, 2010.

[7] 黄怀信. 周易本经汇校新解[M]. 北京: 清华大学出版社, 2014.

[8] 易传[Z]. http://baike.sogou.com/v542272.htm.

[9] Amdahl G M, Blaauw G A, Brooks Jr F P. Architecture of the IBM System/360[J]. IBM Journal of Research and Development, 1964, 8(2): 87-101.

[10] 中华传世名著经典文库. 老子·道德经[M].乌鲁木齐: 新疆人民出版社，2003.

[11] Luiz Andre Barroso, Jimmy Clidaras, UrsHolzle. The Datacenter as a Computer: An Introduction to the Design of Warehouse-Scale Machine[M]. Morgan Claypool

Publishers, 2013.

[12] Zhang L J, Zhang J, Cai H. Services Computing[M]. Beijing: Tsinghua University Press, 2007.

[13] 中华传世名著经典文库. 三十六计[M]. 乌鲁木齐: 新疆人民出版社, 2003.

[14] Turing A M. Ox computable numbers, with an application to the entscheidungs problem[J]. J. of Math, 1938, 58: 345-363.

[15] Hoffman A R, Traub J F. Supercomputers: directions in technology and applications[M]. National Academies, 1989.

[16] Yan W, Lin C, Pang S. The Optimized Reinforcement Learning Approach to Run-Time Scheduling in Data Center[A].Grid and Cooperative Computing (GCC), 2010 9th International Conference on[C]. IEEE, 2010. 46-51.

[17] Armbrust M, Fox A, Griffith R, et al. A view of cloud computing[J]. Communications of the ACM, 2010, 53(4): 50-58.

[18] 陈康，郑纬民. 云计算：系统实例与研究现状幸[J]. 软件学报, 2009, 20(5): 1337-1348.

[19] Xiangzhen Kong, Chuang Lin, Yixin Jiang, Wei Yan, Xiaowen Chu. Efficient dynamic task scheduling in virtual data centers with fuzzy prediction[J]. Journal of Network and Computer Applications (JNCA), 2011, 34(4): 1068-1077.

[20] Wei B, Lin C, Kong X. Dependability modeling and analysis for the virtual data center of cloud computing[A]. High Performance Computing and Communications (HPCC), 2011 IEEE 13th International Conference on[C]. IEEE, 2011. 784-789.

[21] McKeown N. Software-defined networking[J]. INFOCOM Keynote Talk, 2009, 17(2): 30-32.

[22] Openflow[Z]. http://www.openflow.org/.

[23] A.Feldmann. Internet clean-slate design: what and why?[J]. ACM SIGCOMM Computer Communication Review, 2007, 37(3):59-64.

[24] McKeown N, Anderson T, Balakrishnan H, et al. OpenFlow: enabling innovation in campus networks[J]. ACM SIGCOMM Computer Communication Review, 2008, 38(2): 69-74.

[25] Zhang L, Afanasyev A, Burke J, et al. Named data networking[J]. ACM SIGCOMM Computer Communication Review, 2014, 44(3): 66-73.

[26] C Dovrolis, J T Streelman. Evolvable network architectures: What can we learn from biology?[J]. ACM SIGCOMM Computer Communication Review, 2010, 40(2): 72-77.

[27] C.Dovrolis. What would Darwin Think about Clean-Slate Architectures?[J]. ACM SIGCOMM Computer Communication Review, 2008, 38(1):29-34.

[28] Buyya, Rajkumar, Mukaddim Pathan, and Athena Vakali, eds. Content Delivery Networks[M]. Springer Science & Business Media, 2008.

[29] Xiao J, Wu B, Jiang X, et al. Scalable data center network architecture with distributed placement of optical switches and racks[J]. Journal of Optical Communications and Networking, 2014, 6(3): 270-281.

[30] 林闯，万剑雄，向旭东，等. 计算机系统与计算机网络中的动态优化：模型、求解与应用[J]. 计算机学报, 2012, 35(7): 1339-1357.

附录 C　计算机体系结构的层次设计：来自《易经》模型的视角[*]

附录 C　计算机体系结构的
层次设计：来自
《易经》模型的视角[*]

摘　要：《易经》是中华民族的宝贵文化遗产，它包含上古时期人们对自然、宇宙和人类社会的认知、理念和辩证法，代表了先民认识宇宙模型的哲学思考成果。从《易经》模型方法来观察计算机体系结构层次设计，对层阴阳性质的分类可以带来层次设计的深化，可以认识层次设计的本质，为层次设计带来模型体系和学说理念。我们建立了层次对立统一和刚柔相应学说，给出了体系结构层次设计的模型和评价，并且可以促进层次部件之间的协调发展。本文论述了经卦分层连接关系和六爻的层次模型与理念学说，拓展了《易经》层次模型的发展演化，通过 SDN 层次模型和云计算层次模型的例子阐明了层次设计的模型方法和演化推理。最后进行了总结，并对下一步的研究进行了简单展望。

关键词：计算机体系结构、层次设计、易经、六爻层次、模型。

---

* 林闯. 计算机体系结构的层次设计：来自易经模型的视角[J]. 电子学报, 2017 年 11 月。

C.1　引　　言

　　《易经》是中华民族的宝贵文化遗产，它包含上古时期人们对自然、宇宙和人类社会的认知、理念和辩证法，代表了先民把握宇宙的哲学思考成果。现代科学的许多重大发现和突破都可以从《易经》六十四卦层次模型中发现与之对应的形态和哲学思维。计算机体系结构层次设计应是《易经》这种形态和思维的一种自然现象和映射对象，利用《易经》六十四卦层次模型的思维和学说，可以深化层次模型设计，认识其设计的本质，建立层次模型体系。

　　计算机体系结构描述了计算机系统的整体设计和结构。整体设计就是不同级别的抽象，隐藏不必要的实现细节。在广泛的意义上，计算机体系结构是抽象层次的设计，允许使用有效的系统构造技术来完成信息处理应用的设计。结构设计的核心之一就是它的层次设计，并通过一些标识方法来标识系统组件之间的连接和交互。层次设计可以减少设计的复杂性，提高设计和系统的效率，并能使每个层次可以单独、有效地进行设计和发展。

　　计算机体系结构层次设计已有了很多研究成果。Dijkstra 开创性地将层次模型应用在计算机操作系统的设计中，他将操作系统分为六层。在此层次模型中，上层的设计仅仅依赖于相邻的下层，这样的设计思路可以循序渐进地完成系统的构建与测试，从而简化整个系统的设计过程[1]。国际标准化组织提出的 OSI 网络七层协议模型则是将层次模型运用于网络系统互联的设计中，这种层次设计的思想简化了问题的复杂性，并且使得每层可以独立演化，从而保证整个系统的可演进性[2]。SOA 层次模型[3]是一种用于创建应用程序的软件架构，这种架构将一些松耦合的、黑盒式的组件进行组合，发布为明确定义的服务，继而实现业务流程或服务。当前 SDN 模型将控制层与数据层解耦，使得控制层具有全局的网络视图，这可以增加网络的灵活性与可编程特性，简化网络的管理，并且控制层与数据层可以独立演化以适应网络环境的变化[4]。云计算是一种计算服务的层次模型，它将计算服务分为多个层次，引入虚拟管理机制，提升计算资源的效率，并简化资源管理的复杂性[5]。层次模型设计的机制也在不断发展，如组件设计[6-8]、覆盖网（overlay）[9]和跨层设计（cross-layer）[10]等。这些系统模型的发展和进步为计算机体系结构设计带来勃勃生机，但还存在一些普遍性的问题，缺乏层次设计模型体系和全面的层次设计指导学说，这方面的研究和探讨也很少见。

《易经》是由六爻符号组成的哲学推理系统，了解其中六爻层的组成规则以及经卦间的关系，掌握它的推理思维学说，就能更好地解"易"，从而沟通《易经》六爻层次模型与计算机体系结构设计原理之间的联系。本书重点描述了《易经》层次模块的阴阳性质和对应的理念学说，论述了经卦分层连接关系和六爻的层次模型与理念学说，拓展了《易经》层次模型的发展变化，并通过 SDN 层次模型和云计算层次模型的例子阐明了《易经》层次模型的方法和推理。

C.2　层次设计的理念

本节从 3 个方面论述层次设计理念：首先回顾计算机体系结构设计的相关概念和机制；然后从层次的阴阳特性本质出发，来探索《易经》层次模型所对应的理念学说；接着分成粗细两个层面来观察《易经》层次，其中"粗"的方面为两个经卦相叠的二层模型，"细"的方面为六爻相叠的层次模型，并从层次结构语法上阐述了《易经》层次模型及相应的设计理念学说。

C.2.1　体系结构设计中的层次模型

在计算机体系结构中，技术在以不可预测的速度发生着改变，但层次模型[11]及其设计方法的理念却依然少有变化。这些层次模型的概念和机制可以帮助我们更好地管理系统的复杂性，提高系统设计的效率。目前层次模型包括如下概念和机制。

（1）模块。将系统部件分组为相互作用的子系统，建立模块之间的边界，简化模块之间的相互作用，使模块具有相对的独立性，可减轻系统的复杂性。

（2）抽象。建立良好的界面，隐藏界面背后部件实现的细节和信息。减少模块之间的相互作用，简化界面背后部件的调用。抽象可辅助挖掘个体部件的一致性和相互关系，将这类部件特性作为整体表现在界面中。

（3）虚拟。这是将对系统和部件的物理观察转化为逻辑观察的映射过程，相当于有一个可视界面层，部件在这层中实现。它包含映射和隔离两种机制：映射将物理部件映射为逻辑部件并提供对逻辑部件调用的接口和简化界面，且存在一对多和多对一等多种映射关系；隔离使得每个逻辑部件能够独立运行和管理。

（4）层次。组织模块进入层次结构，每一个节点标示一组模块，模块仅能沿着层次链接相互作用。

（5）层。这是模块、虚拟和抽象使用的组织技术，对现存系统生成不同的观察方法。

计算机系统的结构层次可以观察为几个层的抽象，层次的多少可由层次的划分、抽象和虚拟的粒度以及循环发展来看待。每个层的抽象应提供灵活、可演进的接口和界面，并且为相邻层提供有效的功能实现。

C.2.2 《易经》层次模块阴与阳的性质和对应的理念学说

《易经》可以看作是一套六十四卦和爻象组成的层次结构系统，它的哲学理念和描述内容均寓于"象数"层次结构中。自然界或人类社会中一切相互对立的现象与事物都可以用阴阳来表示。阳代表刚健、粗大、动荡和孤独，阴代表柔顺、细小、静止和双多。从层所包含的模块数量以及层模型所描述系统部件的实施特性与设计理念两个方面来看，计算机层次设计中也存在着性质相反的层：包含多个模块的层与仅包含一个模块的层；随着软件和环境可柔性改变的层以及由协议、标准和规则刚性定义的、不可随时随地改变的层；描述供给设计的层与描述需求设计的层。

　　传统的计算机层次设计仅是模块和层次的堆砌和连接，而《易经》层次模型可以给理解计算机层次设计的内涵带来启发。对层阴阳性质的分类可以带来层次模型设计的深化，并且认识设计的本质，促进系统设计部件之间的协调发展。通过对立统一和刚柔相应学说，给出体系结构层次设计的模型评价。

　　卦的评价结论一般在占断辞中体现，主要包括"亨"和"贞"两个方面："亨"即通顺、受用，表达发展态势；"贞"即占断问事，表达占断当前态势。在层次模型的总体评价中，每一卦都同时包含"吉""凶"两面，也包含这两面发展变化的对立统一。八卦中可分为阳卦和阴卦，阳卦爻画为奇数，阴卦爻画为偶数。关于计算机体系结构设计理念的八卦及六十四卦对应的模型，可以参见我们的论文[13]。这里考虑八卦的异性相叠或同性相叠层次模型的评价。八卦的异性相叠或同性相叠可以反映经卦之间的相制相克、相和相应的关系。同性相叠有 32 卦，满足相制相克关系，有些卦有不利的占断辞。异性相叠满足相和相应关系，有些卦有有利的占断辞，进一步根据阴上阳下或阳上阴下又有不同的评价。

C.2.3 《易经》层次经卦模型和六爻模型的理念学说

《易经》的层次模型可以粗分为上下两层经卦相叠，细分为六爻层相叠。上下卦是卦名和卦义产生的依据，上下卦的连接关系非常重要。《易经》层次模型同其他层次模型的区别不仅体现在层次阴阳特性的区分上，还体现在层次连接的语义上。在卦象上两经卦皆处于上下层之位，但在《易传》的语义解释中有异卦上下、异卦内外、异卦前后、异卦平列和同卦相叠五种语义。这五种模块层次连接的语义可以满足计算机体系结构层次模块在执行时间上的前后和同时（平列）的需要，以及空间上的上下、内外、左右（平列）和相叠结构连接的需要。

六爻是一个卦的整体，六爻的每一爻都有爻辞和爻象，而且六爻所在层位置也有阴阳爻位的区别。自底向上，一、三、五层为奇数层，即阳位；二、四、六层为偶数层，即阴位。《易经》中用"九"和"六"表示阳爻和阴爻，用"初""二""三""四""五"和"上"表示六爻层自底向上的顺序。《易经》的《彖》和《象》常以一卦六爻的爻象与爻位的性质为基础来解释卦名、卦义与卦辞。从而可建立相应的学说，给出体系结构设计细分层次模型的评价和判断。《易经》中可分为 4 种阴阳爻象与爻位的结合情况和相应学说：

（1）刚柔相应说。四爻与初爻、五爻与二爻、上爻与三爻刚柔相应为吉利之象。

（2）刚柔当位说。当位为吉利之象。阳爻居一、三、五阳位，是刚当位。阴爻居二、四、六阴位，是柔当位。

（3）刚柔得中说。一卦六爻有多种相应情况，特别注意两中位即二爻与五爻位刚柔是否相应，第五爻位又被称为"尊位"。分为刚柔分中、双刚得中和双柔得中 3 种情况。

（4）柔刚从乘说。柔从刚表示阴爻在阳爻之下，柔顺从刚，吉利之象；柔乘刚表示阴爻在阳爻之上，柔凌驾刚，不吉利之象。

C.3　层次的发展变化

目前在计算机层次模型设计中基本没有考虑层次模型之间的变化和相互关系，没有形成完整的层次模型体系。在《易经》层次模型中，限定了二层经卦模型和六爻层次模型，六十四卦即六十四种层次模型构成了完整的层次模型体系，为计算机层次模型设计提供了借鉴。任何计算机层次模型都可采用抽象和虚拟技术，映射为二层经卦模型或六爻层次模型。应注意到，六十四种层次模型是一个完整体系，它们之间存在变换关系，这些关系反映了事物现象的不同观测视角和发展状态。

C.3.1　卦之间的关系与层次模型的发展变化

《易经》层次模型具有变化性,六十四卦中的某一个别卦反映的是某一个发展阶段的特点和状况。六十四卦的卦之间的变换关系可由层次的性质和位置变换来表达,包括 3 种变换卦:错卦、综卦和交互卦。本文中为了便于表达卦中的阴阳变化,规定阳爻由"1"表示,阴爻由"0"表示。一个卦的卦象可表达为一个由"1"或"0"组成的字符串,由高位到低位排列。

(1)错卦。两卦同位次爻的阴阳特性相反(0、1 互换)。是从一种对立面的角度观测事物的状态。

(2)综卦。两卦上下经卦对调,变换从乘关系。是从另一种发展趋势角度观测事物的状态。"物极必反",与原卦发展逻辑相反。

(3)交互卦。是指在一个六爻卦中,由二、三、四爻构成交卦,由三、四、五爻构成互卦,上互下交形成新别卦。表达事物发展的中间过程以及事物变化的中间结果。

C.3.2　对卦与层次模型的反转变化

六十四卦可分为相邻三十二对卦,从正反两个方面表达一个完整发展内容,事物向正面发展或向反面转化表达了朴实的对立统一辩证观点。每对卦的卦义往往是对立的。三十二对卦可由综卦或错卦关系描述，但描述得不统一且不清晰。本文给出一种统一的新定义方法，叫做对卦。

在对卦的定义中，我们强调卦象的 180º 旋转，可分成整体旋转和局部旋转两种情况。

（1）卦象整体 180º 旋转，这种情况共有二十八对卦。

（2）如果整体 180º 旋转后原卦无变化，则上下经卦分别按八卦图 180º 旋转，这种情况共有四对卦。

对卦是综卦和错卦的完整统一定义，在情况（1）中与综卦有交集，在情况（2）中与错卦有交集。对卦之间有对立关系，是从一种相邻的不同发展阶段的角度来观测事物的状态。在计算机体系结构设计中，每一对卦可有对应的对立统一的设计策略。由于篇幅和研究进程所限，我们仅举例说明。例如，第一卦与第二卦分别对应集中计算（超算中心）的设计与分布式计算系统（网络系统）的设计，它们对应的对立统一的设计策略与"刚柔相济"相关。

C.3.3　交互卦与层次模型的"腰"

层次结构的"腰"的概念有特殊意义，它可以表示系统构件，作为结构化的系统组成部分，并成为构成新系统的基础。特别是在计算机系统中，有意义的系统构件可以被重用并以灵活的方式构建新系统。在 SOA 系统中，详细定义了软件组件及其系统架构[6-8]。

在 3.1 节中描述的交互卦中的"交卦"和"互卦"就是层次模型中的构件或"腰"。它们不包含与原系统直接相关联的第一爻,与原系统没有直接关系。它们也不包含与原环境直接相关联的第六爻,与原环境没有直接关系。它们与原卦保持松散耦合,可以构成独立的经卦,也可以作为新别卦的组成部分。

我们特别关注三、四爻位的情况。依据当位说和刚柔相应说,阳爻居于第三爻位,阴爻居于第四爻位,满足当位情况。另外,六爻层从下往上数表示事物渐进和发展的先后过程,表达事物状态的各个发展时段。第三爻表象状态发展到一定阶段,阶段成果突出应为阳;第四爻表象变革完善阶段,改变应为阴。我们可以定义两种"腰"结构:由二、三、四爻位构成交卦,由爻实体六二、九三和六四(010)组成时为当位之象,可以称为"阳腰",一般构成下卦;由三、四、五爻位构成互卦,由爻实体九三、六四和九五(101)组成时为当位之象,可以称为"柔腰",一般构成上卦。

在计算机网络层次模型中,"沙漏(hourglass)"模型概念主要来自 IP 网络[12]。在 IP 层下面支持多样技术,在 IP 层上面支撑多样应用,都由单一的 IP 网络层完成所有通信功能。这种沙漏形状结构可以使单一网络层最大化内部操作,减少内部工作的复杂性和失效的可能性。另外,沙漏形状结构可以使高层的应用和低层的通信网络独立、有效地发展。沙漏形状结构本质上就是我们所定义的"阳腰",如图 C.1 所示。

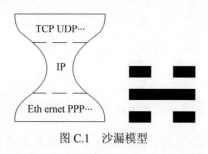

图 C.1　沙漏模型

C.3.4　跨层设计

在计算机系统和计算机网络层次模型中，为了提高系统的性能效率，除了相邻层次间的接口通信外，又提出了跨层设计机制[10]，在不相邻层次间即跨层之间也可以有信息流动。当然系统性能的提高是有代价的，可能会损害模型的抽象特性以及增加系统设计的复杂性。图 C.2 显示了三种典型的跨层设计策略。

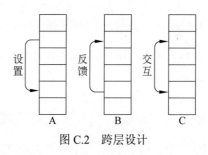

图 C.2　跨层设计

在《易经》的爻象模型中，爻也有跨层运动。阳爻是指不可改变的固性事物，而阴爻是柔顺善变的事物。因此，仅有阴爻可以柔进上升。阴爻可以从第五爻位下方上升至最高第五爻位，像臣民的地位和事业不断上升一样。

C.4 例 子

我们以 SDN 和云计算层次模型作为例子，表达基于《易经》模型的计算机系统结构层次设计的方法和理念，以及系统设计要关注的模型评价和系统进一步完善发展的措施。

C.4.1 SDN 层次模型

SDN 是当前研究的热点网络体系结构[4]，它将网络数据平面与控制平面相分离，并将控制平面设计为集中的、可编程的控制器。这种设计使网络更容易管理。任何的计算机系统都要考虑给用户和应用提供服务，因此在系统的顶层都包括一个应用层或用户层，这一层一般是一系列 API 或用户接口。在模型的抽象描述中，这些接口一般都有共性类同的性质。所以在系统层次模型构建中，有时可省略应用层或用户层的描述。

仅考虑经卦分层上下相叠，软件定义的控制层部分为柔卦，OpenFlow 标准界面[14]及基础设施层为刚卦，见图 C.3。柔卦为阴卦，刚卦为阳卦，此卦象为异性卦相叠，满足刚柔相应并当位说。

细致考察 SDN 系统的六爻层次模型，参见图 C.3。我们可以把多个数据包转发网络节点模型化为阴层；变化的网络操作系统层也为阴层；全局网络视图层体现为 OpenFlow 标准界面，此层为阳层，这三层爻象组成柔卦。网络虚拟化层将物理网络抽象为逻辑网络提供网络服务，此层为阳层；抽象网络视图层是控制程序提取网络服务的标准界面，体现为阳性；控制程序是变化的、非标准的，因此是阴性的，这三层爻象组成刚卦。

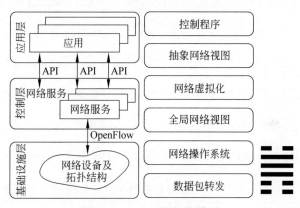

图 C.3　SDN 层次抽象模型

柔上刚下组成咸卦，见图 C.3。此卦六二居下卦中位，九五居上卦中位，满足刚柔得中说，得中为吉利之象。阴爻居第一爻位，阳爻居第四爻位，初六与九四不满足刚柔当位说。另外，阴爻居第六爻，且有柔乘刚之象，此爻象表明处穷困之境。

咸卦的《卦辞》曰："亨，利贞，取女吉。"给出此卦总评价。《象》曰："咸，感也。柔上而刚下，二气感应以相与。"刚柔相互感应感知，紧密结合，互相协调，表现为系统设计中的可控制性。《杂卦传》曰："咸，速也。"感之效果甚速，可控制性的关键是速度。SDN 在控制程序层与基础设施层之间的互相感应与协调的可控性以及系统的可部署性和性能等方面需要进一步的发展。

C.4.2 云计算层次模型

云计算是一种网络计算模式，能够通过网络以便利的、按需付费的方式获取计算资源并提高其可用性的模式。这些资源来自一个共享的、可配置的资源池，能够以最省力和无人干预的方式获取和释放它们[5,15]。

云计算的设计目标是更好地使用分布式资源，以期获得更高的吞吐量和求解大规模计算问题。云计算也有不同的部署模式，包括私有云、公共云、社区云和混合云[15]。

云计算常见的层次模型如图 C.4 所示。这个模型突出了 SaaS、PaaS 和 IaaS 三层[16]。这三层表现为网络范围的虚拟资源，都要以网络和计算存储等物理资源为基础。在 IaaS 层下面显式加上物理资源层，这样模型共有 6 层。每一层的基本功能描述如下。

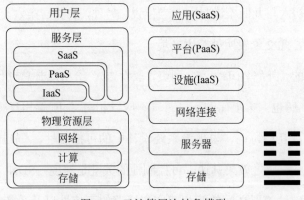

图 C.4　云计算层次抽象模型

SaaS 处于应用传递层，集中设置、管理和运行应用软件，客户可以通过互联网远程访问这些应用。PaaS 平台服务层使用云基础设施提供计算平台，包括所有客户开发的典型应用，便于应用程序的部署与管理。IaaS 基础设施服务层提供作为服务的基础设施，所传递的计算机基础设施通常是一个平台虚拟环境。IaaS 层下面是网络连接层，提供客户与应用同服务实体之间的通信。服务器层包括计算机、服务器、数据中心等资源，是计算处理的基础。存储层则包含了所有的存储设备及相关技术。

在《易经》中，云计算可由八卦中的分散和集中两卦相叠，通过散上集下形成泰卦来建模。集中表达为计算服务实体包括计算机基础设施、服务器和数据中心等。分散集中表达虚拟网连接和应用服务传递等。此卦下三层爻为阳，上三层爻为阴。九二居下卦中位，六五居上卦中位，满足刚柔得中说，得中为吉利之象。阳爻居第二爻位，阴爻居第五爻位，九二与六五刚柔相应，但不满足刚柔当位说。

泰卦的《卦辞》曰：“小往大来，吉，亨。”给出此卦总评价，阴柔在外在上，阳刚在内在下，一切由小而大，符合自然发展规律，于是得到吉利与亨通。《象》曰：“内阳而外阴，内健而外顺。”成为通泰之象。《象》又曰：“小往大来”，“则是天地交而万物通也，上下交而其志同也”。小往大来是网络计算的基本模式，符合应用计算结构设计的开放规律。《杂卦》曰：“《否》《泰》，反其类也。”否为闭塞，泰为通达，二者互为计算模式发展的不同形态，可以互相转化，云计算要保持它的通达性和通透性。

C.5 总结与展望

计算机体系结构层次设计是计算机科学技术、网络和应用的发展核心之一，在计算机科学技术发展中起着引领作用。到目前为止，计算机体系结构层次设计虽有一些原则和思想的突破，但急需一个完整、有效的设计理念学说和模型体系。本书作者认为，《易经》作为中华民族的宝贵文化遗产，代表了先民哲学地把握宇宙的思维成果。从《易经》经卦和六爻层次模型变化中发现与之对应的计算机体系结构的形态和哲学思维，可以提供一个完整、有效的层次设计体系和模型。

我们建立了层次对立统一以及刚柔相应、阴阳当位、柔顺得中和柔顺从刚等学说，给出了一种体系结构设计层次模型的评价方法。我们拓展了层次模型之间的变化和相互关系的新理念，六十四种层次模型不仅是一个完整体系，也是一个发展变化的系统学说。

通过我们的初步工作，相信读者可以看出一些端倪。通过 SDN 和云计算以及对应卦模型的举例，可以看到一些设计原则和策略的新观察。也可以看到，《易经》层次模型语法完整语义丰富，尤其是层次的相互作用对层次模型设计应有新的指引。《易经》的层次模型是我们迄今所知的最早层次模型，是最富理念学说和动态变化的层次模型。

本文的研究成果仅是《易经》在层次模型设计中的初步应用，在六十四卦象中，我们认为各卦象和理念学说并不是截然分开的，而是相互包含、相互交错，是一个对立统一的整体。研究各层次模型之间的相互关系，并抽象出相应的层次变化的有效原则和相应语义，是亟待解决的研究难点之一，也是我们下一步工作的方向。

参考文献

[1] Dijkstra E W. The Structure of the "THE" Multiprogramming System[M]. Classic Operating Systems. New York: Springer, 2001. 223-236.

[2] Zimmermann H. OSI reference model—The ISO model of architecture for open systems interconnection[J]. Communications, IEEE Transactions on, 1980, 28(4): 425-432.

[3] Arsanjani A. Service-oriented modeling and architecture[J]. IBM developer works, 2004: 1-15.

[4] Feamster N, Rexford J, Zegura E. The road to SDN[J]. Queue, 2013, 11(12): 20.

[5] Armbrust M, Fox A, Griffith R, et al. A view of cloud computing[J]. Communications of the ACM, 2010, 53(4): 50-58.

[6] Erl T. Soa: Principles of Service Design[M]. Upper Saddle River: Prentice Hall, 2008.

[7] Erl T. SOA Design Patterns[M]. Pearson Education, 2008.

[8] Hurwitz J, Bloor R, Baroudi C, et al. Service Oriented Architecture for Dummies[M]. John Wiley & Sons, 2007.

[9] Lua E K, Crowcroft J, Pias M, et al. A survey and comparison of peer-to-peer overlay network schemes[J]. Communications Surveys & Tutorials, IEEE, 2005, 7(2): 72-93.

[10] Srivastava V, Motani M. Cross-layer design: a survey and the road ahead[J]. Communications Magazine, IEEE, 2005, 43(12): 112-119.

[11] Shiva S G. Computer Organization, Design, and Architecture[M]. CRC Press,

2013.

[12] Aguiar R L. Some comments on hourglasses[J]. ACM SIGCOMM Computer Communication Review, 2008, 38(5): 69-72.

[13] 林闯. 计算机体系结构设计原理的易经模型[J]. 电子学报, 2016, 44(8): 1777-1783.

LIN Chuang. Philosophical principles of computer architecture design in the I Ching[J].Acta Electronica Sinica, 2016, 44(8): 1777-1783.(in Chinese)

[14] McKeown N, Anderson T, Balakrishnan H, et al. OpenFlow: enabling innovation in campus networks[J]. ACM SIGCOMM Computer Communication Review, 2008, 38(2): 69-74.

[15] Hogan M, Liu F, Sokol A, et al. Nist cloud computing standards roadmap[J]. NIST Special Publication, 2011, 35.

[16] Jadeja Y, Modi K. Cloud computing-concepts, architecture and challenges[A]. Computing, Electronics and Electrical Technologies (ICCEET)[C]. IEEE, 2012. 877-880.